中国地质大学(武汉)、长安大学和陕西黄河矿业集团
联合资助出版

现代化学专著系列·典藏版　45

准晶对称与准晶结构

陈敬中　陈　瀛　龙光芝
张　勇　王　平　孙学良　著

科学出版社
北　京

内 容 简 介

本书主要内容包括"准晶对称理论"和"纳米微粒多重分数维准晶结构模型"。对 5 种正多面体进行了结晶学分类；论述了晶体和准晶体中共有 12 个晶系；推导了晶体与准晶体中的 60 个（32＋28）点群、点群的对称性及其母子群关系链；证明了 89 种单形。介绍了 Penrose 模型、玻璃模型、无规堆砌模型和微粒分数维模型等准晶结构的理论模型及准晶结构的基础理论和空间几何理论。论证了纳米微粒多重分数维二十面体准晶结构模型及 2 维准晶结构模型，并证明"纳米微粒多重分数维准晶结构模型"是一种理想的准晶结构模型。

本书可作为物理学、化学、材料学、晶体学、准晶体学本科高年级学生，相关专业的硕士、博士研究生学习与研究的参考书，也可供物理类、化学类、材料学类、晶体学类的大学教员和科研工作人员参考。

图书在版编目（CIP）数据

现代化学专著系列：典藏版 / 江明，李静海，沈家骢，等编著. —北京：科学出版社，2017.1

ISBN 978-7-03-051504-9

Ⅰ.①现… Ⅱ.①江… ②李… ③沈… Ⅲ.①化学 Ⅳ.①O6

中国版本图书馆 CIP 数据核字(2017)第 013428 号

责任编辑：许美凤 周巧龙 / 责任校对：张怡君
责任印制：张 伟 / 封面设计：铭轩堂

科 学 出 版 社 出版
北京东黄城根北街 16 号
邮政编码：100717
http://www.sciencep.com
北京厚诚则铭印刷科技有限公司印刷
科学出版社发行 各地新华书店经销

*

2017 年 1 月第 一 版 开本：720×1000 B5
2017 年 1 月第一次印刷 印张：11 1/2
字数：232 000
定价：7980.00 元（全 45 册）

（如有印装质量问题，我社负责调换）

前　言

准晶物质发现是科学界最伟大的发现之一，它从根本上改变了化学家、物理学家、晶体学家及材料学家们对固态物质的认识。30 年后，大胆质疑"常识"的以色列科学家丹尼尔·谢赫特曼（Daniel Shechtman）终于获得世界科学界的认可。2011 年 10 月 5 日瑞典皇家科学院宣布，Daniel Shechtman 因发现准晶体物质而独享 2011 年诺贝尔化学奖。

1982 年 4 月，正在美国从事研究工作的 Daniel Shechtman 在电子显微镜中观察到一种长程定向有序而没有平移周期对称的金属相，他发现铝（锰）合金中的原子是以一种准周期对称有序方式排列的。1984 年，Daniel Shechtman 的"Metallic phase with long-range orientational order and no translational symmetry（长程定向有序而没有平移周期对称的金属相）"一文在激烈的争议声中由美国"物理评论快报"公开发表。

准晶对称是对晶体学传统对称理论的突破。晶体对称理论诞生近 300 年来，一直排斥 5 次或 6 次以上对称轴的存在。固态物质结构中原子排列的基本规律是，晶体内原子应呈现周期对称的有序排列，而非晶体内原子呈无序排列。

准晶体中发现 5 次对称轴则突破了这一禁区。随后，具有 8、10、12 次对称轴的 2 维准晶，1 维准晶也相继被发现。科研人员获得许多种类的准晶物质，1985 年初中国学者郭可信、张泽等在 $(Ti_{1-x}, V_x)_2Ni(x=0.1\sim0.3)$ 合金中也发现了准晶；俄罗斯学者还发现自然生成的准晶物质，瑞典学者在工业环境条件下的钢质材料中也发现准晶物质。

准晶体不同于常规晶体与非晶体，是一类不具备晶格周期性有序排列却显现出长程有序性的固体物质。准晶体中所谓长程有序性，是指在某一个方向上往往以无理数序列的方式表达，而序列则像无理数一样无限不循环。2 维准晶物质的特点是在主轴方向呈周期性平移对称，而在与此轴垂直的 2 维平面上呈准周期分布对称。除了 3 维与 2 维准晶外，1 维准晶是一种 2 维层在其法线方向的准周期堆垛结构。

至此已可证明，准晶物质的存在具有普遍性。这类介于晶体与非晶体之间的固体物质被命名为准晶体，准晶体科学从此破土而出。

陈敬中、陈瀛、龙光芝、张勇、王平、孙学良等及时跟踪世界最新科学研究成果，并结合其多年来在"准晶对称理论与纳米微粒多重分数维准晶结构模型研究"方面取得的科研成果和发表的学术研究论文，撰写了《准晶对称与准晶结构》一书，以总

结学科新理论知识,反映学科前沿新成就和现代科学技术发展的新成果。书中主要介绍以下两个方面的内容:

第一个方面是准晶对称理论。对 5 种正多面体进行了结晶学分类,其中四面体、立方体、八面体属晶体学类,正十二面体、正二十面体属准晶体学类;论述了晶体和准晶体中共有 12(7+5)个晶系(其中晶体有 7 个晶系、准晶体有 5 种晶系);推导了 60 个(32+28)点群(其中晶体有 32 个,准晶体有 28 个)及晶体与准晶体学点群的对称性及其母子群关系链;证明了 89 种(47+42)单形(其中晶体有 47 种,准晶体有 42 种)。

第二个方面是准晶纳米微粒多重分数维结构模型。介绍了 Penrose 模型、玻璃模型、无规堆砌模型和微粒分数维模型等准晶结构的理论模型;论述了准晶结构的基础理论,准晶结构的空间几何理论;论证了纳米微粒多重分数维二十面体准晶结构模型及纳米微粒多重分数维 2 维准晶结构模型。证明"纳米微粒多重分数维准晶结构模型"更为符合凝聚态物理、分数维几何学、纳米科学、晶体结构和晶体化学等多种理论,是一种理想的准晶结构模型。

本书包括前言、第 1~10 章以及参考文献。各章节写作分工如下:

第 1 章,陈敬中、陈瀛、张勇;第 2 章,陈瀛、张勇、王平、陈敬中;第 3 章,陈瀛、王平、陈敬中;第 4 章,陈瀛、张勇、王平、陈敬中;第 5 章,陈瀛、龙光芝、陈敬中;第 6 章,龙光芝、陈瀛、陈敬中;第 7 章,陈敬中、陈瀛、张勇、龙光芝、王平;第 8 章,陈敬中、陈瀛、张勇、龙光芝、王平;第 9 章,陈瀛、陈敬中、张勇、龙光芝、孙学良;第 10 章,陈瀛、陈敬中、张勇、龙光芝、孙学良;全书最后由陈敬中、陈瀛负责定稿;宫斯宁负责全书文字、图件、参考文献的排版、整理、校对工作。

为了适应现代化建设对高层次晶体学、准晶体学、晶体化学、固体物理、材料科学等专业人才的需要,本书力求做到理论严谨、结构合理、文字精炼、图件清楚、引文准确。

本书从物质结构的基础理论、基本分类规则和传统晶体学向与现代准晶体学发展的科学进程,展望了现代准晶体学发展的必然趋势,力求做到与时俱进,介绍先进的学术思想,反映科学前沿,以适应新时代科学技术人才的培养要求。

在开展"准晶对称理论与纳米微粒多重分数维结构模型研究"的过程中,作者与日本桥本初次郎(H. Hashimoto)教授、德国 Zorka Papadopolos 教授、加拿大西安大略大学孙学良教授进行过认真交流和讨论,与中国学者郭可信教授、李方华教授、叶大年院士进行过交流和讨论,在此深表感谢!

当作者将这本专著奉献给各位读者时,心情是非常激动的。作者恳请读者对拙著批评指正。

陈敬中　陈　瀛　龙光芝

2012 年 9 月 15 日

目　　录

第1章 绪 论

1.1 晶 体 学

1.1.1 晶体形态学

晶体研究已有 300 多年历史,经历了晶体形态学、晶体结构学、晶体化学、准晶体学、纳米晶体、现代晶体化学发展的漫长过程,它是伴随着数学、物理学、化学、地质学、材料科学及测试分析技术和方法发展而成长起来的。

晶体学作为一门科学出现始于 17 世纪中叶。1669 年,丹麦斯丹诺(N. Steno)提出了晶体的面角守恒定律,奠定了几何结晶学的基础。1688 年,加格利耳米尼斯(Guglielmini)把面角守恒定律推广到多种晶体上。1749 年,俄国罗蒙诺索夫创立了物质结构的微分子学说,从理论上阐明了面角守恒定律的实质。到 1772 年,法国罗姆·得利(Del′lele)测量了 500 种矿物晶体的形态,写出了著名晶体形态学,肯定了面角守恒定律的普遍性。从此,人们了解到晶体晶面的相对位置是每一种晶体的固有特征,而晶面的大小在很大程度上取决于晶体生长期间的物理化学条件。

1784 年,法国阿羽伊(R. J. Hauy)发表了晶体均由无数具有多面体形状的分子平行堆砌而成,1801 年发表著名的整数定律,从而解释了晶体外形与其内部结构的关系。他认为晶体是对称的,晶体的对称性不但为晶体外形所固有,同时也表现在晶体的物理性质上。

1809 年,德国魏斯(C. S. Weiss)根据对晶体的面角测量数据进行晶体投影和理想形态的绘制,确定了晶体形态的对称定律,晶体只可能有 1、2、3、4 和 6 次旋转对称轴,而不可能有 5 次和高于 6 次的旋转对称轴存在,为晶体对称分类奠定了基础。

1830 年,德国赫塞尔(J. F. C. Hessel)推导出晶体的 32 种对称型(点群)。到 1867 年,俄国加多林又用数学方法推导出晶体的 32 种对称型。德国圣佛里斯创立了以他名字命名的对称型符号,格尔曼和摩根创立了国际符号,从而完成了对晶体宏观对称理论的总结。在对称理论迅速发展期间,魏斯还确定了晶带定律。魏斯和米勒(W. H. Miler)还分别于 1818 年和 1839 年先后创立了用以表示晶面空间位置的魏斯符号和米勒符号。到 19 世纪末,由于晶体形态对称理论的迅速发展,整个几何结晶学理论达到了相当成熟的程度。

1.1.2　晶体结构

19世纪末到20世纪70年代,X射线的发现与应用,使得晶体形态学进一步发展到晶体结构学,微观对称理论也日益成熟。晶体的结构被揭示出来,并在系统完成一大批晶体结构研究的基础上发展建立起了以研究晶体成分和晶体结构及其与物理化学性质关系为主要内容的学科,即晶体化学。

19世纪中叶,在几何结晶学基础上,借助于几何学、群论方法以及化学、物理学发展所创造的条件,晶体构造理论得到了进一步发展。在阿羽伊的晶体构造理论的启示下,19世纪产生的空间点阵和空间格子构造理论,逐渐演化成为质点在空间规则排列的微观对称学说。1855年,法国结晶学家布拉维(A. Bravais)运用数学方法推导出晶体的14种空间格子,为晶体结构理论奠定了基础。但是,此理论只能说明晶系中对称最完全的晶类的对称,而对对称较低的晶类的对称不能解释。

俄国费德洛夫(Federov)圆满地解决了晶体构造的几何理论,创立了平行六面体学说,提出了反映及反映滑移等新的对称变换,于1889年推导出晶体构造(无限图形)的一切可能的对称形式,即230种空间群,并发现了结晶学极限定律。此后,德国圣佛利斯等分别推导出相同的230个空间群。晶体构造的空间几何理论日趋完善。

19世纪末,晶体结构的几何理论已被许多学者所接受。1895年,德国学者伦琴(W. C. Roentgen)发现了X射线。1909年,德国学者劳厄(M. Laue)提出了X射线通过晶体会出现干涉现象,并与弗利德利希(Friedrich)等用实验证明了晶体格子的客观性,劳厄等开创了晶体学研究新时代。此后,法国学者布拉格父子(W. H. Bragg和W. L. Bragg)发表了第一个测定的氯化钠晶体结构,在一个不长的时期内测定了许多晶体结构,而且改善了晶体结构测定的理论和实验技术,从而开拓了晶体结构研究的新领域。从1909年X射线通过晶体产生衍射效应的实验第一次获得成功以来,所有已知晶体结构的测定基本上都是应用上述方法作出的。

自1889年费德洛夫(Federov)推导出230个空间群之后,俄国舒布尼柯夫(Shubnikov)将对称理论向前推进了一步,1951年提出正负对称型的概念,创立了对称理论的非对称学说。随后,扎莫扎也夫(Zamozayev)和别洛夫(Belov)根据正负对称型概念增加了晶体所可能有的对称形式,将费德洛夫230个空间群发展为1651个舒布尼柯夫黑白对称群。1956年,别洛夫又提出多色对称理论的概念,并探讨了4维空间的对称问题。这些理论在晶体学、晶体化学、晶体物理学领域中得到广泛的应用。

现在,已可利用高分辨率透射电子显微镜来直接观察晶体的内部结构了。1932年德国鲁斯卡(Ruska)等试制出世界上第一台电子显微镜,在早期,人们主要是利用电子显微镜的放大能力,观察一些细微晶体的形态。后来在电子显微镜中安装了观察晶体的电子衍射图像装置,使人们在 20 世纪广泛运用电子衍射花样及显微图像来研究晶体的微细结构一类现象。1956 年,英国科学家 Menter 在酞氰铂晶体上观察到了晶面间距为 1.19nm 的晶格像,逐步建立了高分辨成像理论,发展了高分辨透射电子显微镜。现在分辨率已优于 0.1nm。从而可以直接观察晶体中的晶格像、结构像,甚至可以观察到晶体中的原子像。

X 射线衍射法是根据晶体试样中所有晶胞对 X 射线散射,以散射波叠加后得到的平均效应进行分析的。例如,1mm³ 单晶试样中约有 10^{17} 个晶胞,测定晶体结构是根据 10^{17} 个晶胞的散射波总和来分析的,所以测得的结构只能是一种"平均结构",也就是说,它是一种晶胞级上的"平均结果"。电子显微镜,尤其是高分辨电子显微镜则不同,它可以直接在 0.1nm 的分辨率上来观察和研究有关结构现象,结果真实地反映了晶胞级上的各种微细结构和微观现象。

自 20 世纪 70 年代以来,电子显微镜研究方法已经成为物质超微结构研究的基本方法。

1.2 物质结构及对称理论新进展

现代科学技术的进步,现代测试分析方法的发展,促使物质结构对称理论的研究进入一个新的层次。对称理论从哲学范畴应定义为"变换中的不变性"。对称理论,要从对称性的范围、对称性的尺度、简单对称性和复合对称性等方面来研究。

准晶结构、分形结构、纳米结构、拓扑结构、团簇结构、空洞结构、反结构、记忆结构、全息结构、生物克隆等,它们的对称基本特征反映出对称性理论的新进展。

1.2.1 对称性的哲学定义

为了全面、科学地讨论对称性理论,有必要从哲学的角度来讨论对称性理论问题。对称性的哲学定义有以下三方面内容:

(1) 对称性

现代对称性理论具有更广泛的内涵,从哲学观点看,对称性的基本定义是变换中的不变性。

(2) 对称破缺

对称性具有普遍性,与此相关,对称破缺也具有普遍性。对称破缺有两种,即自发的对称破缺和非自发的对称破缺。自发的对称破缺,原本就具有一定的不对称性。非自发的对称破缺,从具有一定对称性到失去该对称性的转化,从较高的对称变为较低的对称。

（3）对称性恢复

对称性恢复，是指某些破缺了的对称性在特定物理化学条件下，可以或大致恢复到原来的对称性的过程及其结果。

（4）对称性、对称破缺和对称性恢复

物质结构的对称性、对称破缺、对称性恢复是一个综合复杂的物理学、化学过程。在材料科学、矿物学等研究过程中，有时重点研究对称性，有时重点研究对称破缺，有时又重点研究对称性恢复。但在更多情况下应是研究对称性、对称破缺、对称性恢复的综合复杂的物理学、化学、过程。

1.2.2　对称性的范围

变换中的不变性，它包括一切类型的对称性。

自然科学：在数学、物理学、化学、生物学、地质学、天文学、材料科学、信息科学等自然科学中，充满着各自的对称性表征方式和表达语言，这类例子随处可见。运用对称性理论，可以形象地表达一些深奥的科学哲理，使一些复杂科学问题变得通俗易懂。

社会科学：政治经济学、文学艺术、体育、音乐等各个领域都具有不同特征的对称性。运用对称性原理来讨论问题、表征结果、表达思想，将是一种理想的方式和美丽的语言。

这些对称性的集合将是一个无限的总体。研究过程中，同样都有对称性、对称破缺、对称性恢复等综合复杂的内容和过程。

1.2.3　对称性的尺度

在讨论对称性问题时，除了注意对称性的范围外，还必须考虑研究问题的大小尺度，宏观、微观对称要素的差别。

（1）点群与空间群

点群表征晶体外形的对称性，空间群则表征晶体内部结构的对称性，两者在研究问题时是协调统一的。

（2）晶胞和分子

例如，C_{60} 的晶胞为立方面心格子，$Fm3m$；C_{60} 的分子为足球状，由 20 个六边形环和 12 个五边形环组成球形三十二面体，其中五边形环只与六边形环相邻，而不互相连接；三十二面体共有 60 个顶角，每个顶角上占一个碳原子（二十面体切角顶）。

（3）人体外形对称与内部结构对称

人体外形对称具有对称面 m，而人体内部结构不具有这种对称面。人的生长过程具有自相似性放大，为复杂的分形对称。

每一个生物细胞中都包含有产生一个完整有机体的全部基因（全息元），在适当条件下全息元不断地复制，也就是一个细胞会发育成一个与母体相同的完整新体。细胞与生物体具有全息对称关系，克隆技术就是最好的研究成果。

1.2.4 简单对称性和复合对称性

对称性理论表明物质结构不仅存在着简单对称性，还常常以复合对称性表征。目前一些对称性研究中比较注重简单对称性，而忽视了对称性复合特征。

准晶结构研究中，开始人们比较注意简单的分形生长理论，认为只可能生成微粒准晶物质。我们从准晶多重分形生长理论，提出了纳米微粒多重分数维结构模型，此种模型不仅能解释一般准晶结构，还能很好解释大块准晶结构模型。

生物克隆原理和技术，是一个具有自相似性放大的生长过程，为复杂的多重分形对称。

根据研究的领域范围和尺度大小，物质结构的对称理论有时可从简单对称性讨论，有时则需要从复合对称性深入探讨。

1.2.5 对称性理论新进展

对称性理论新进展主要表现在拓扑对称变换、幻数和团簇结构、空洞结构（反结构）、记忆结构、全息结构、克隆结构和技术、纳米物质结构和技术等几个方面。

在各个学科领域开展对称性规律研究是极为重要的。

1.3 现代晶体化学

晶体化学，是研究晶体成分与晶体结构，以及它们与晶体的物理与化学性质的关系。伴随着物理学、化学、晶体学、晶体结构、X 射线分析、电子显微分析、扫描隧道显微分析等飞速发展，大量周期晶体结构测定完成，同时准周期、非周期结构、物质结构的缺陷、纳米材料结构等研究越来越深入，现代晶体化学已成为一门重要的基础科学。

现代晶体化学主要研究内容有

① 从天然晶体结构研究，到合成晶体结构研究；

②　从单个晶体结构研究,到系列晶体结构研究;

③　从矿物、金属、无机材料的晶体结构测定,到多元配合物的晶体结构测定;

④　从单相晶体结构研究,到多相晶体结构相互关系研究;

⑤　从静态晶体结构研究,到动态晶体结构研究;

⑥　从理想晶体结构研究,到缺陷结构研究;

⑦　从周期晶体物质的结构研究,到准周期准晶物质的结构研究;

⑧　从超微结构研究,到周期调制结构探索;

⑨　从类质同象晶体结构研究,到同质多象晶体结构研究;

⑩　从微米晶体结构研究,到纳米晶体结构研究;

⑪　从实体晶体结构研究,到晶体空洞结构研究;

⑫　从晶体结构图形表征,到拓扑结构表征;

⑬　从晶体的物理、化学性质测定,到晶体结构中原子、分子、结构单位的量子物理、量子化学计算表征;

⑭　从粉晶 X 射线物相分析,到单晶 X 射线分析,再到晶体的电子显微分析、扫描隧道显微分析和原子力显微镜分析。

⑮　从蛋白质合成晶体结构分析,到基因修复研究。

1.4　纳米科学与纳米技术

人类对自然界的认识,始于宏观物体又溯源于微观原子、分子,然而对纳米微粒却缺乏深入的研究。人类认识客观世界,主要为两个层次:一是宏观领域,二是微观领域。在宏观领域和微观领域之间,存在着一片有待开拓的介观领域,也称为中等尺度领域。一些纳米科技涉及的并非纳米尺度,而是微米尺度上的结构,比纳米尺度大了 1000 倍或更多。许多情况下,纳米科技是对纳米结构的基础研究,此类结构至少有一个维的尺度是 1nm 到几百个纳米。

纳米微粒由两种组元构成:一是具有纳米尺度的颗粒,称为"颗粒组元",它由颗粒中的所有原子构成;二是这些颗粒之间的分界面,称为"界面组元"。纳米固体颗粒极小,界面组元所占的比重显著增大。

纳米结构体系构筑方式可以分为两大类:一是人工纳米结构组装体系;二是纳米结构自组装体系和分子自组装体系。

纳米结构是以纳米为尺度的物质基本单元,这些单元按一定规律构筑或营造一种新的体系,它包括 0 维、1 维、2 维、3 维、分维、多重分维体系。纳米物质单元包括纳米微粒、纳米管、纳米棒、纳米丝、纳米模、团簇或人造原子以及纳米尺寸的孔洞。

纳米微粒、纳米固体和纳米结构材料等呈现出许多奇异的物理、化学性质。其基本特性如下：

① 小尺寸效应；

② 表面与界面效应；

③ 量子尺寸效应；

④ 宏观量子隧道效应。

1.4.1 纳米科技

指在 1nm 至数百纳米范围内,研究物质的特性和相互作用(包括原子、分子操作),以及利用这些特性的、多学科交叉的科学和技术。

1.4.2 纳米材料

指 3 维空间尺度上至少有 1 维处于纳米量级或由它们作为基本单元构成的材料。纳米科技和纳米材料是具有下列几个关键特征的系统与材料。

① 须至少有一个维,具有从 1nm 至数百个纳米的尺度。

② 设计过程必须体现微观的操作与控制能力,能够从根本上左右纳米尺寸结构的物理性质与化学性质。

③ 能够组合起来形成更大的结构。

④ 这种纳米结构可能具有优异的电学、光学、磁学、机械、化学等性能,至少是在理论上具备这样的性能,但不能理解为越小就越好。

⑤ 把原子和分子按设计方案一个一个地排布起来,而这种原子、分子排布出的纳米结构必须具有可利用范围内的化学稳定性。

1.4.3 纳米微粒的制备方法

纳米微粒的制备方法有多种：

① 物理法、化学法、物理化学及生物化学方法。

② 气相法、液相法和固相法(高能球磨法)等。

通过对纳米微粒表面的物理、化学方法修饰,可以达到以下目的：①改善或改变纳米粒子的分散性；②提高或控制微粒表面活性；③使微粒表面产生新的物理、化学、机械性能及新的功能；④改善纳米粒子与其他物质之间的相容性。

1.5 准晶体学与诺贝尔化学奖

1.5.1 Daniel Shechtman 获得诺贝尔化学奖

瑞典皇家科学院 2011 年 10 月 5 日宣布,以色列科学家 Daniel Shechtman 因发现准晶体物质独享 2011 年度的诺贝尔化学奖。1941 年 Daniel Shechtman 出生于以色列的特拉维夫,1972 年在以色列工学院获得博士学位,目前任该校教授。

1982 年 4 月 8 日,正在美国霍普金斯大学从事研究工作的 Daniel Shechtman,在电子显微镜中观察到一种"长程定向有序而没有平移周期对称的金属相",他发现铝(锰)合金中的原子,是以一种准周期对称有序方式排列的准晶物质。这种"反常理"的现象,与传统晶体学对称理论是矛盾的。晶体对称理论诞生近 3 个世纪以来,一直排斥 5 次或 6 次以上对称轴存在。

诺贝尔化学奖评审委员会认定,Daniel Shechtman 发现准晶物质是科学界最伟大的发现之一,准晶物质的发现,勇敢挑战了当时的权威体系。这一发现从根本上改变了化学家、物理学家、晶体学家及材料学家们对固态物质构想的认识。诺贝尔化学奖评审委员会解释说:"在准晶体内,我们发现,阿拉伯世界令人着迷的马赛克装饰得以在原子层面复制,即常规图案永远不会重复。"科学界对准晶体的理解和描述,需要借助数学,同时从中世纪阿拉伯风格马赛克镶嵌装饰艺术中汲取灵感。

近 30 年后,大胆质疑"常识"的 Daniel Shechtman 终于获得世界科学界的认可。

1.5.2　准晶物质的发现

Daniel Shechtman 发现"准晶体"后,花费了好几个月的时间,试图说服同事们,但一切均徒劳无功,没人认同他的观点。Daniel Shechtman 说,"当我告诉人们,我发现了准晶体的时候,所有人都取笑我",还被要求离开他所在的研究小组,Daniel Shechtman 只好返回以色列。

在一个朋友帮助下,他努力将"准晶体"的有关研究成果公开发表,但最开始,这篇论文也没能逃脱被拒绝的命运,但在 Daniel Shechtman 和他朋友的艰苦努力下,Daniel Shechtman 的论文"Metallic phase with long-range orientational order and no translational symmetry(长程定向有序而没有平移周期对称的金属相)"才于 1984 年,在激烈的争论声中由 *Phys. Rev. Lett.*(物理评论快报,1984,53:1951-1953)上得以发表。这一成果在化学界、物理学界,特别是晶体学研究者中引发轩然大波。

在 Daniel Shechtman 发现准晶体之后,科研人员陆续在实验室中制造出其他种类的准晶体;自然环境中,人们在俄罗斯一条河流中获取的矿物样本中发现自然生成的准晶体;在工业环境条件下,瑞典一家企业在一种钢质材料中发现准晶体。

准晶体中发现的 5 次对称轴则突破了这一禁区。随后,具有 8、10、12 次对称轴的 2 维准晶、1 维准晶也相继被发现。

从 1985 年开始,我国学者彭志忠、陈敬中对准晶对称与准晶结构进行了研究。

从 2001 年开始,龙光芝、陈瀛博士在陈敬中教授指导下对准晶对称理论及其纳米微粒多重分数维结构进行了深入研究。

1.5.3 科学家"物质观"的革命

Daniel Shechtman 发现"准晶体",这一现象向传统晶体学对称理论以及结构理论发起了挑战。当时大多数人都认为,"准晶体"违背科学界常识,被斥为"胡言乱语"、"伪科学家",受到来自主流科学界、权威人士的质疑和嘲笑。一些化学界权威也站出来,公开质疑 Daniel Shechtman 的发现,其中包括著名的化学家诺贝尔奖得主鲍林。

根据固态物质结构中原子排列规律,晶体内原子应呈现周期对称的有序排列,而非晶体内原子呈无序排列。准晶体,不同于常规晶体与非晶体。准晶体是一类不具备晶格周期性的有序排列,却显现出长程有序性的固体材料。所谓长程有序性,在某个方向上往往以无理数序列的方式表达,而序列则像无理数一样无限不循环。

1982 年 4 月,Daniel Shechtman 在铝锰合金冷冻固化实验中首次观察到合金中的原子以一种非周期性的有序排列方式组合,具有这种原子排列方式的固体在当时理论下是不可能存在的。这一发现促使科学家开始重新思考对物质结构的认识。

1984 年 10 月,Daniel Shechtman 等在美国《物理评论快报》上发表的"长程定向有序而没有平移对称的金属相"一文中报道了 Mn-Al 合金中发现 5 次对称轴,整个科学界立刻为之震动。从此,5 次对称轴作为 20 世纪 80 年代的重大科学发现载入科学史册。

准晶对称是对晶体学传统对称理论的突破。晶体对称理论诞生近 300 年以来,一直排斥 5 次或 6 次以上对称轴的存在。20 世纪 80 年代之前,科学界对固态物质的认识仅限于晶体与非晶体,而随着以色列科学家 Daniel Shechtman 的一次偶然发现,固体物质中一种"反常"的原子排列方式跳入科学家的眼界。

5 次旋转对称这个禁区被突破后,8、10、12 次旋转对称准晶相继被发现。这些准晶都属于 2 维准晶,在主轴方向呈周期性平移对称,而在此与此轴垂直的 2 维平面上呈准周期分布对称。除了 2 维与 3 维准晶外,1 维准晶也应存在。这是一种 2 维层在其法线方向的准周期堆垛结构,准晶的存在具有普遍性。

固态物质结构中原子排列的基本规律是,晶体内原子应呈现周期对称的有序排列,而非晶体内原子呈无序排列。

准晶体不同于常规晶体与非晶体,是一类不具备晶格周期性的有序排列,却显现出长程有序性的固体物质。准晶体中所谓长程有序性,是在某一个方向上往往以无理数序列的方式表达,而序列则像无理数一样无限不循环。2 维准晶物质的特点是在主轴方向呈周期性平移对称,而在与此轴垂直的 2 维平面上呈准周期分布对称。除了 3 维与 2 维准晶外,1 维准晶是一种 2 维层在其法线方向的准周期堆垛结构。

至此已可证明,准晶物质存在具有普遍性。这类介于晶体与非晶体之间的一类固体物质被命名为准晶体,准晶体科学从此破土而出。

1.5.4　准晶对称与准晶结构

彭志忠、陈敬中等认为,晶体和准晶体中共有 12(7+5)个晶系,其中晶体有 7种晶系,准晶体有 5 种晶系;60 个(32+28)点群,其中晶体有 32 种,准晶体有 28种;89 种(47+42)单形,其中晶体有 47 种,准晶体有 42 种。

准晶结构的理论模型有 Penrose 模型、玻璃模型、无规堆砌模型和微粒分数维模型。

1992 年,陈敬中等提出的"纳米微粒多重分数维准晶结构模型"符合凝聚态物理、分数维几何学、纳米科学、晶体结构和晶体化学等多种理论,是一种理想的准晶结构模型。以此为内容作为特邀代表,陈敬中于 2002 年在法国国际准晶结构理论大会上作了主题发言。2011 年,陈瀛、龙光芝、陈敬中等完成了"纳米微粒多重分数维准晶结构模型"研究。

1.5.5　准晶物质的应用前景

诺贝尔化学奖评选委员会在发表的声明中说,从原子级别观察准晶体形态,会发现原子排列具有规律性,符合数学法则,但不以重复形态出现。

瑞典斯德哥尔摩大学有机结构化学教授邹晓冬认为,由于准晶体中原子排列不具周期性,准晶体材料硬度很高,同时具有一定弹性,不易损伤,使用寿命长。准晶体在材料中所起的强化作用,相当于"装甲"。由于这种"强化"特性,准晶体材料可应用于制造眼外科手术微细针头、刀刃等硬度较高的工具。准晶体材料无黏着力并且导热性较差,其应用范围还包括制造不粘锅具、柴油发动机等。这种材料的应用仍有很大的发展空间。

第2章　晶体和准晶体的性质

2.1　晶体、准晶体的基本特征

2.1.1　晶体、准晶体的概念

现代科学和技术的进步,现代测试分析方法的发展,促使人们对物质结构对称理论的研究进入一个新的层次。现代对称性的定义具有更广泛的内涵,对称理论从哲学范畴应定义为"变换中的不变性"。在一定变换条件下的不变性就称为它们对于这些变换的对称性。不论对称性的具体形式与内容如何,对称性的基本含义总是变换的不变性。

以变换中的不变性为基本含义的对称性定义应囊括了世界上一切类型的对称性,即囊括了自然科学、社会科学、工程技术、文学、艺术、政治、经济、生产、生活等各个领域各种意义的对称性。所有这些对称性的集合将是一个无限的总体。

晶体、准晶体都具有变换中的不变性(或称变换中的对称性),所以都仍为有序结构。晶体中的质点在 3 维空间周期平移,而准晶体中的质点在 3 维空间准周期(无理数)平移,准晶结构具有自相似性变化规律(放大或缩小)。

具有准周期平移的准晶结构与具有周期平移的晶体结构中,它们的结构既有密切的关系,又有明显的不同。因此,可以认为天然的、人工合成的固体物质以及它们所具有的结构是在一定的物理化学条件下非周期、准周期与周期质点排列竞争的结果。

天然的、人工合成的固体物质,按其结构特点可以分为有序结构和无序结构。有序结构又可分为周期结构和无公度结构。无公度结构还可进一步分为周期调幅结构、准周期调幅结构(统计意义上的无规自相似性结构)及准周期结构(数学上的严格有规自相似性结构)。

这种结构关系可简要表述如下:

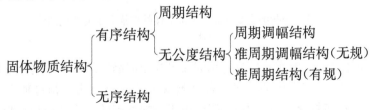

　　人们把自发生成的具有规则几何多面体外形的固体物质称为晶体。实际上,许多晶体在生长过程中受到物理化学条件、时间空间环境的影响,难以生成规则的几何多面体外形。因此,仅仅从有无规则的几何外形来区分是否是晶体或准晶体是不恰当的,准晶体在理想条件下也能够生成规则几何多面体,但它们的几何对称与晶体又有本质区别。很明显,规则的几何外形并不是晶体、准晶体的本质区别,而只是一种外部现象,还有某种内在的、本质的因素存在,这就是它们分别具有的平移周期结构、平移准周期结构。

　　晶体的目前定义是,晶体内部质点(原子、离子、分子等)在 3 维空间成周期性、重复排列的固体,或者说晶体是具有周期平移格子构造的固体,不论外形是否规则,都称为晶体。这样一系列在 3 维空间成周期性重复排列的质点抽象成几何点,就构成了一套所谓的空间点阵,其中等同的质点称为阵点或结点。不同晶体在 3 维空间内成周期性重复这一性质上,是相同的;但不同的晶体具有不同的空间格子构造(点阵),它们的质点种类不同,排列的方式和间隔大小相应地也就不同。

　　实际晶体不同于理想的晶体,无论它有多大,终究都是有限的,这是因为晶体内部空间点阵(质点)的重复周期比晶体颗粒的尺寸小得多,因此从微观的范畴讲,可以把晶体周期排列的空间格子构造近似地看成是向 3 维空间无限延伸的。

　　在一些研究中,可以把晶体看成理想的具有平移周期的点阵加以研究,但在另一些研究中则着重研究晶体缺陷结构、调幅结构、准周期或非周期结构等。

　　图 2.1 是一些细小矿物晶体和准晶体的扫描电子显微镜图像。

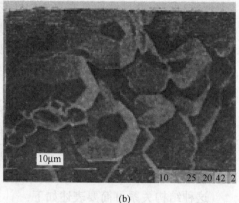

10μm

10　25 20 42 2

(a)　　　　　　　　　　　　　　　(b)

图 2.1　一些细小矿物晶体和准晶体的扫描电子显微镜图像
(a) 晶体;(b) 准晶体

　　实际晶体是由一种或数种具有相同或极为相似晶胞结构和晶胞化学的空间格子(平行六面体)堆砌而成的。每一种晶胞常常可以分为几种相对独立的结构单位,结构单位连接规律也常有不同变化,由于参加堆砌的晶胞结构和晶胞化学的变化,它们堆砌方式的变化,以及它们堆砌过程的物理化学环境变化等,都使得天然的、人工合成的晶体形成千姿百态的固体物质世界。因为这些变化是不可避免的,所以晶体结构中的有规自相似准周期和无规自相似准周期、非周期等复杂结构现象产生也同样是不可避免的。

准晶体的结构虽然不具备经典晶体学意义上的平移周期,但它却具有自相似性平移准周期。准晶体是具有准周期平移格子构造的固体,准晶体结构具有数学上的严格的自相似性准周期及统计意义上的无规自相似准周期。

20 世纪末至 21 世纪初,随着高新科学技术的进步和发展,现代测试分析方法和科学技术已经提高到一个空前高的水平,晶体、准晶体的研究不断向深度和广度发展,特别是晶体结构与准晶体结构的研究有了一个根本性的突破。这些研究成果,对晶体结构与准晶体结构中的周期、准周期、非周期的基本特征的表征和探索,是一个最重要的理论和实验基础。

表 2.1 中对比列出了晶体和准晶体结构中一些主要周期、准周期、非周期的基本特征。

表 2.1　晶体与准晶体结构中周期、准周期、非周期特征

晶体的周期结构及周期调幅结构	准晶体的准周期结构及准周期调幅结构
电子衍射图均有明锐的衍射斑点	
主反射及伴生反射	仅有一种反射
具平均结构	无平均结构
晶体学点群	准晶体学点群 ($m35.10/mmm\cdots$)
整数维结构	多重分数维结构
具有调幅函数	具准周期结构
(如正弦波)	准周期调幅结构
在 3 维实空间、倒易空间中均无平移对称	
在 3 维以上多维实空间、倒易空间中均有平移对称	
单一晶胞	组合准晶胞

2.1.2　晶体、准晶体的空间格子

从晶体、准晶体的定义可知,晶体与准晶体内部的格子构造是一切晶体、准晶体的基本特性和差异的本质因素,它是决定晶体、准晶体各项性质相同或不同的内在因素。

任何一个晶体,不管它的结构有多么复杂,其质点总是保持着在 3 维空间按周期性重复的规则排列。如果不具备这一特点,那么也就不称其为晶体了。同样的

道理,任何一个准晶体,不管它的结构有多么复杂,质点总是在空间按准周期重复的规律排列。如果不具备这一特点,那么,也就不称其为准晶体了。

由于任何晶体的内部质点肯定都是在 3 维空间成周期性重复排列的,因此对应于每一种晶体结构,就必定可以作出一个相应的空间点阵,而点阵中各个结点在空间分布的重复规律,正好体现了相应的结构中质点排列的重复规律。显然,对应于不同晶体结构的各个具体的空间点阵,其结点的具体重复方式将会有所不同,但在 3 维空间内成周期性重复这一性质则肯定是共同的。也正是这一点,体现了一切晶体所共有的基本特性。

在已发现的准晶物质中共有 3 种类型:第一种是 3 维准晶,第二种是 2 维准晶、1 维晶态,第三种是 1 维准晶、2 维晶态。第一种类型的准晶体在 3 维空间均反映出准晶体的特性,而后两种类型则既具有准周期结构反映出来的特性,又具有周期结构所反映出来的特性。

晶体在生长发育过程中,物理化学条件的影响常常使晶体生长结果偏离理想的空间点阵结构。晶体形成后,因物理化学条件变化,又会使晶体的点阵结构发生变异。一般说来,这些破坏晶体在 3 维空间中周期排列的现象称为晶体中的缺陷。晶体缺陷分为点缺陷(0 维缺陷)、线缺陷(位错、1 维缺陷)、面缺陷(2 维缺陷)、体缺陷(3 维缺陷)。研究表明,这些缺陷分布有时也具有一定的对称规律。

准晶体在按纳米微粒多重分数维生长发育的过程中,物理化学条件的影响常常使准晶体生长结果偏离理想的空间准点阵结构;准晶形成后,物理化学条件变化,也会使准晶体的准点阵结构发生变异。一般说来,这些破坏准晶体在空间中准周期排列的现象称为准晶体的缺陷。准晶体缺陷也可以分为点缺陷(0 维缺陷)、线缺陷(位错、1 维缺陷)、面缺陷(2 维缺陷)、体缺陷(3 维缺陷)。研究表明,准晶体的缺陷较晶体更为普遍一些,这些缺陷分布常常具有纳米微粒多重分数维生长的对称规律。

2.1.3　晶体、准晶体的基本性质

晶体的基本结构是质点在 3 维空间周期排列,准晶体的基本结构是质点在 3 维空间准周期排列。

晶体、准晶体的各项性质,取决于它们本身的化学组成和内部结构。晶体的内部结构都共同遵循晶体空间格子周期排列的规律,并由此可以导出一切晶体所共有的性质。准晶体的内部结构都共同遵循准晶体的空间准周期组合格子规律,并由此可以导出准晶体所共有的性质。由于准晶体结构中缺陷极为普遍,准晶颗粒又十分细小(纳米、微米级),而且还具有一些向晶态、玻璃态过渡的现象,因此准晶体的性质常常偏离理想状态。从理论上讲,晶体、准晶体性质应有以下相似的或不同的待征。

（1）均一性

均一性即晶体、准晶体在其任一部位上都具有相同性质。晶体结构中的任何质点，都在 3 维空间作周期性的重复分布。因此，对于从同一晶体中分割出来的各个部分而言，它们必定具有完全相同的内部结构，从而它们所表现出的各项性质也必定完全一致，亦即都是均一的。

准晶体的结构与晶体结构虽然有所不同，但仍然都是有序结构，准晶体分割出来的不同部分仍然与整体结构具有相同的结构特征，因此宏观反映出来的准晶性质仍然具有均一性。

（2）各向异性

各向异性即晶体、准晶体的性质因不同的考察研究方向而表现出差异性。晶体、准晶体结构中质点排列的方式和间距，在不同的方向进行考察研究时，表现出一定的差异，这种差异与它们的结构的对称性直接相关。这就是晶体、准晶体都具有各向异性的基本原因。

（3）对称性

对称性即晶体、准晶体中的相同部分（如外形上的相同晶面、晶棱，内部结构中的相同面网、行列或原子、离子等）能够在不同的方向或位置上有规律地重复出现。在任一晶体结构中的任一行列方向上，总是存在着一系列为数无限且成周期性重复出现的等同点。准晶体结构中相同轴向上质点排列是相同的，但质点排列具有数学上严格的准周期性或统计意义上的准周期性。显然，这些就是一种变换中的不变性，即对称性。因此，在这一意义上说，一切晶体、准晶体无一例外地都是对称的，只是对称组合规律不同。准晶体性质的对称与其对称型有关。准晶体对称性较晶体高一些。

（4）自限性

自限性即晶体与准晶体都能自发地形成封闭的几何多面体外形。实际晶体、准晶体往往并不表现几何多面体的外形，这是由生长时受到物理化学条件变化的影响、生长空间限制所造成的。如果让不具规则外形的微粒继续自由成长，它们还是可以自发生长成为规则的几何多面体。晶体、准晶体生长时遵循布拉维法则和面角守恒定律，晶体按周期平移生长而准晶按准周期自限平移生长，在已发现的一些准晶中已证实了这一性质。

（5）最小内能性

最小内能性即晶体、准晶体在相同的热力条件下,较之于同种化学成分的气体、液体及非晶质体而言,准晶体内能较小,晶体的内能为最小。晶体结构是一种有序结构,是具有周期平移格子构造的固体,其内部质点在 3 维空间均按周期性平移重复的规则排列,这种规则排列是质点之间的引力和斥力达到平衡的结果。准晶结构也是一种有序结构,其中质点呈准周期平移排列,这种结构形式是较为稳定的方式或准稳定的方式。在此类情况下,无论是质点间的距离增大或减小都将导致质点的势能增加。这就意味着,在相同的热力学条件下,准晶体的内能较小,晶体的内能为最小。

（6）稳定性

稳定性即对于化学组成相同,但处于不同物态下的固体物质,以晶体最为稳定,准晶体稳定性次之。晶体、准晶体都不可能自发地转变为其他物态。这就表明了晶体、准晶体的稳定性。晶体的稳定性和准晶体的次稳定性,是晶体和准晶体具有最小、次小内能的必然结果,也是由晶体的平移周期格子构造和准晶体平移准周期格子构造规律所决定的。每种晶体都有自己确定的熔点,准晶体也应如此,只是准晶体中缺陷很多,熔点不易测准。

上面根据晶体、准晶体的基本结构规律、对称性特征等,预测了准晶体的基本性质。掌握这些性质对于深入研究准晶物质,了解准晶性质,并进而开发新的材料都有重大意义。

2.1.4　非晶质体

非晶质体与晶体和准晶体的概念是不同的,它也是一种固态物体,但其内部质点在 3 维空间不成周期性重复排列或准周期自相似性排列。非晶质体不遵循晶体和准晶体所具有的空间周期格子和准周期格子规律,它也不可能有晶体和准晶体所具有的那些基本性质。在外形上,它在任何条件下都不可能自发地成长为规则的几何多面体;在内部结构上,它是一种无序结构,其各个部分之间,仅仅在统计意义上是均一的,在不同方向上的性质是同一的。非晶质体在外部性质上是一种无定形的凝固态物体,在内部性质上则是统计上均一的各向同性体。非晶质体被认为是一类过冷却的液体。

非晶质体没有固定的熔点。如果想在晶体、准晶体与非晶质体之间划一绝对严格的界线也是有困难的。在许多具有长链状分子的纤维类物质或高聚合物中,还存在着分子之间成 1 维的或 2 维的周期性重复排列的情况。显然,它们是介于晶体、准晶体与非晶质体之间的过渡类型的物体,或许还存在着准玻璃物质。

2.2　晶体、准晶体生长的基本规律

晶体、准晶体在生长过程中所遵循的规律,本质上是由晶体、准晶体内部结构上的规律性所决定的;但另一方面,它也不可避免地受到生长过程中外界条件的影响,形成非理想几何外形的晶体、准晶体,几何外形上偏离理想形状而成歪形。但歪形并不改变各晶面间的夹角关系。对于同种晶体或准晶体而言,其外形虽可千差万别,但对应晶面间的夹角则始终保持相等。根据这项面角守恒定律可从晶面夹角入手,找出晶体、准晶体外形固有的特征,并加以区别。由于准晶颗粒常常很小,需要用扫描电子显微镜或透射电子显微镜来观察。

2.2.1　结晶作用

形成晶体、准晶体的作用,称为结晶作用。形成晶体、准晶体的过程,也就是物质从其他的相转变为新结晶相的过程,即原来不结晶的物质在一定的物理化学条件(温度、压力、组分浓度等)下转变为结晶质的过程,或一种结晶物质由于物理化学条件变化而转变为新的结晶物质的过程。

晶体的形成过程一般分为

①　气体→晶体　由气体结晶。例如,火山喷出的含硫气体,在火山口附近因温度降低而结晶析出硫黄晶体。

②　液体→晶体　从液体(溶液或熔融体)中结晶。例如,盐湖中因蒸发作用使溶液达到过饱和而结晶析出石盐、硼砂等晶体;岩浆熔融体在冷凝过程中形成橄榄石、辉石等晶体。

③　玻璃→晶体　由固态的非晶质结晶。例如,火山玻璃经过漫长的地质年代发生脱玻化而最终形成结晶质的石髓矿物。

④　晶体→晶体　由一种晶体转变为另一种晶体。一种晶体,当它所处的物理化学条件改变到一定程度时,它就不再能够稳定,其内部质点就会重新进行排列形成新形式的结构,转变成另一种晶体。例如,人造金刚石就是由石墨在高温高压的物理化学条件下转变形成的。

⑤　微晶→晶体　再结晶作用。它是指在温度和压力的影响下,通过质点在固态条件下的扩散,由细粒晶体转变成粗粒晶体的作用。例如,石灰岩中的微晶方解石转变成粗粒方解石晶体。

⑥　晶体→溶解体→晶体　重结晶作用。它是指由于温度或浓度等因素的变化,使原已结晶的晶体发生溶解,部分物质转入母液,随后在合适的条件下又重新结晶,使晶体长大的作用。

2.2.2　准晶生长

准晶生长规律还需深入研究,但初步研究结果已反映出准晶生长规律与晶体生长规律的关系十分密切。

在急冷淬火过程中,准晶物质通常是伴随过饱和固溶体和其他金属间化合物一起形成的。一些元素如 Si 和 Ru 的添加,有利于准晶物质的形成并能提高其稳定性。在 Al-Mn-Si、Al-Mn-Zn、Al-V-Si 和 Al-Cu-Li 等合金体系中能获得基本上纯的准晶物质。从准晶物质形成过程来看,其自液相成核至长大过程异于金属玻璃,而基本与常规晶体一致,属于一级相变过程。从相图上看,除了接近拓扑密排金属间化合物的化学成分之外,包晶反应区比共晶反应区似乎更易于形成准晶物质。尽管绝大多数准晶物质是从液相中直接形成的,但也发现准晶物质还可从 Al 固体液体和其他合金相中经时效或退火沉淀析出。此外,在 Al-Cr、Al-Mn、Pd-U-Si等合金中发现自非晶态向准晶态的转变过程。准晶体形成过程虽然还不太清楚,但大致可以有以下 4 种基本情况:气体→准晶体;溶体(熔体)→准晶体;晶体→准晶体;玻璃→准晶体。

2.2.3　布拉维法则

在晶体生长的过程中,晶面是按周期平行向外推移的,这种单位时间晶面沿着法线方向向外推移的距离称为晶面生长速度。面网密度小的晶面,其面网间距也小,从而相邻面网的引力就大,生长速度快;反之,面网密度越大,相应的面网间距也越大,面网间的引力小,不利于质点堆砌,生长就慢。在一晶体上,各晶面间相对的生长速度与其面网密度大小成反比。准晶体则具有多重分数维生长特征,以准周期平移向外自相似性放大生长。从已研究出的结果分析,准晶生长规律与晶体生长规律十分密切,但也有自身的特点。准晶物相生长规律还有待进一步研究。布拉维法则指出,实际上晶体晶面数总是有限的,实际晶体往往被面网密度大的晶面所包围。而布拉维法则也适用于准晶体生长过程,准晶体的晶面数也是有限的,最后形成的准晶的晶面往往也是面网密度最大的。

2.2.4　面角守恒定律

面角守恒定律是指,尽管晶体形态千变万化,但在相同的温度、压力条件下,在化学组成和内部结构均相同的晶体之间,其对应晶面间的面角也有微小的差异,只是这种偏差极其微小,在通常情况下都可以忽略不计。

面角守恒定律也适用于准晶体的几何形态生长规律,这一点在已发现的准晶体中已反映出来,只是准晶体有自己的对称型和单形罢了。

2.3　准晶物质的分类

随着对准晶体研究的深入，人们发现的准晶体物质越来越多。一般认为，准晶物质可按组分和对称类型进行分类，分为三类。

（1）第一类　Al-过渡族金属

二十面体相　二元系 Al-V，Al-Cr，Al-Mn，Al-Pd，Al-Fe，Al-Co，Al-Ni，Al-Ru，Al-W，Al-Mo

三元系 Al-Mn-Si，Al-Mn-Fe，Al-Mn-Zr，$Pd_{59}V_{20.5}Si_{20.5}$

四元系 Al-Mn-Sn-Fe

十边形相　二元系 Al-Mn，Al-Fe，Al-Pd，Al-Ni

三元系 Al-Mn-Fe，Al-Mn-Ge，Al-Mn-Zn

1 维准晶　三元系 $Al_{80}Ni_{14}Si_6$，$Al_{65}Cu_{20}Mn_{15}$，$Al_{65}Cu_{20}Co_{15}$

（2）第二类　MTi 合金类（M-Ⅷ族元素）

二十面体相　二元系 $NiTi_2$，$FeTi_2$，$(Ti_{1-x}V_x)_2Ni(x=0.0\sim0.3)$

八边形相　三元系 Cr-Ni-Si，V-Ni-Si

十二边形相　二元系 Ni-Cr，V_3Ni_2

三元系 $V_{15}Ni_{10}Si$

（3）第三类　Frank-Kasper 拓扑相系

二十面体相　$Mg_{32}(Al,Zn)_{29}$，$Mg_{32}(Al,Zn,Cu)_{29}$，Mg_4CuAl_6，Al_6Li_3Cu，Mn_3NiSi，$V_{41}Ni_{36}Si_{23}$

1984～1990 年，已发现的准晶按相系类型和组分分类，如表 2.2～表 2.6 所示。

表 2.2　1 维准晶相（Fibonacci 相）

准晶组分	发现者
GaAs-AlAs	Todd，Merlin，Clarke，Mohanty and Axe(1986)
Mo-V	Karkut，Triscone，Ariosa and Fischer(1986)
AL-Pd	Chattopadhyay，Lele，Thangaraj and Ranganathan(1987)
$Al_{80}Ni_{14}Si_6$	He，Li，Zhang and Kuo(1988)
$Al_{65}Cu_{20}Mn_{15}$	
$Al_{65}Cu_{20}Co_{15}$	

表 2.3　八边形相(八方晶系)

准晶组分	沿 8 次轴周期/nm	发现者
$V_{15}Ni_{10}Si$	0.63	Wang,Chen and Kuo(1987)
$Cr_5Ni_3Si_2$	0.63	
Mn_4Si	0.62	Cao,Ye and Kuo(1988)
$Mn_{82}Si_{15}Al_3$	0.62	Wang,Fung and Kuo(1988)
Mn-Fe-Si		Wang and Kuo(1988)

表 2.4　十边形相(十方晶系)

准晶组分	沿 10 次轴周期/nm	相关晶体组分	发现者
Al_5Ir	1.6	Al_3Ir	Ma,Wang and Kuo(1988)
Al_5Pd	1.6	Al_3Pd	
Al_5Pt	1.6	Al_3Pt	
Al_5Os	1.6	$Al_{13}Os_4$	Kuo(1987)
Al_5Ru	1.6	$Al_{13}Ru_4$	Bancel,Heiney,Stephens and Goldman(1985)
Al_5Rh	1.6	Al_9Rh_2	Wang and Kuo(1988)
Al_4Mn	1.2	$Al_{11}Mn_4$	Bendersky(1985)
Al_4Fe	1.6	$Al_{13}Fe_4$	Fung,Yang,Zhou,Zhao,Zhan and Shen(1986)
$Al_{77.5}Co_{22.5}$	1.6	$Al_{13}Co_4$	Dong,Li and Kuo(1987)
Al_4Ni	0.4	$Al_9(Ni,Si)_2$	Li and Kuo(1988)
$Al_6Ni(Si)$	1.6		
Al-Cr(Si)	1.2	$Al_{45}Cr_7$	Kuo(1987)
$Al_{79}Mn_{19.4}Fe_{26}$			Ma and Stern(1987)
$Al_{65}Cu_{20}Mn_{15}$	1.2	$Al_{11}Mn_4$	He,Wu and Kuo(1988)
$Al_{65}Cu_{20}Fe_{15}$	1.2	$Al_{13}Fe_4$	
$Al_{65}Cu_{20}Co_{15}$	0.4,0.8,1.2,1.6	$Al_{13}Co_4$	
$Al_{75}Cu_{10}Ni_{15}$	0.4		He,Wu and Kuo(1988),Zhang and Kuo(1989)
V-Ni-Si			Fung,Yang,Zhou,Zhao,Zhan and Shen (1986)

表 2.5　十二边形相(十二方晶系)

准晶组分	沿 12 次轴周期/nm	发现者
$Cr_{70.6}Ni_{29.4}$		Ishimasa,Nissen and Fukano(1985)
V_3Ni_2	0.45	Chen,Li and Kuo(1988)
$V_{15}Ni_{10}Si$	0.45	

表 2.6　二十面体相(二十面体系)

准晶组分	准晶格常数 ar/nm 或倒易格常数 q/nm	结构类型	发现者
$Al_{86}Mn_{14}$	0.460	A	Shechtman,Blech,Gratias and Cahn(1984)
$Al_{86}Fe_{14}$			Bancel,Heiney,Stephens and Goldman(1985)
$Al_{85}Cr_{15}$	0.465	A	Zhang,Wang and Kuo(1988) Inoue,Kimura and Masumoto(1987)
Al_4Ru			Anlage,Fultz and Krishnan(1988)
$Al_{78}Re_{22}$			Bancel and Heiney(1986)
Al_4-V	0.475	A	Chen,Phillips,Villars Kortan and Inoue (1987)
Al-Mo			
Al-W			
$Al(Cr_{1-x}Fe_x)$			Schurer,Koopmans and van der Woude(1988)
$Al(Mn_{1-x}Fe_x)$			Schurer,Koopmans and van der Woude(1988)
$Al_{62}Cr_{19}Si_{19}$	0.460	A	Inoue,Kimura,Masumoto,Tsai and Bizen(1987)
$Al_{60}Cr_{20}Ge_{20}$			Chen and Inoue(1987)
Al-Cr-Ru			Bancel and Heiney(1986)
Al-Mn-(Cr,Fe)			Janot, Pannetier, Dubois, Houin and Weinland (1988)
$Al_{73}Mn_{21}Si_6$	0.460	A	Gratias,Cahn and Mozer(1988)
$Al_{55}Mn_{20}Si_{25}$		A	Inoue,Bizen and Masumoto(1988)
$Al_{75.5}Mn_{17.5}Ru_4Si_3$		A	Heieny,Bancel,Goldman and Stephens(1986)
$Al_{74}Mn_{17.6}Fe_{2.4}Si_6$	0.459	A	Ma and Stern(1988)
$Al_{75}Mn_{15}Cr_5Si_5$			Nanao,Dmowski,Egami,Richardson and Jorgensen (1987)
$Al_{60}Ge_{20}Mn_{20}$		A	Tsai,Inoue and Masumoto(1988)
$Al_{70}Fe_{20}Ta_{10}$			Tsai,Inoue and Masumoto(1988)
$Al_{65}Cu_{20}Mn_{15}$			He,Wu and Kuo(1988),Tsai,Inoue and Masumoto (1988)
$Al_{65}Cu_{20}Fe_{15}$	0.445		Ebalard and Spaepen(1989) Tsai,Inoue and Masumoto(1988)
$Al_{65}Cu_{20}Cr_{15}$			Tsai,Inoue and Masumoto(1988)
$Al_{65}Cu_{20}V_{15}$	0.459		Tsai,Inoue and Masumoto(1988)

续表

准晶组分	准晶格常数 ar/nm 或倒易格常数 q/nm	结构类型	发现者
$Al_{65}Cu_{20}Ru_{15}$	0.453		Tsai, Inoue and Masumoto(1988)
$Al_{65}Cu_{20}Os_{15}$	0.451		
Al_6CuLi_3	0.504	B	Saintfort and Dubost(1986) Mai, Zhang, Hui, Huang and Chen(1987)
Al_6CuMg_4	0.521	B	Sastry, Rao, Ramachandrarao and Anantharaman (1986)
$Al_{51}Cu_{12.5}(Li_xMg_{36.5-x})$	0.502~0.507	B	Shen, Shiflet and Poon(1988)
Al_6AuLi_3	0.511	B	Chen, Phillips, Villars, Kortan and Inoue(1987)
$Al_{51}Zn_{17}Li_{32}$	0.511	B	
$Al_{50}Mg_{35}Ag_{15}$	0.523	B	Mukhopadhyay, Chattopadhyay And Raganathan (1988)
Al-Ni-Nb			
$(Al,Zn)_{49}Mg_{32}$	0.515	B	Henley and Elser(1986)
$(Al,Zn,Cu)_{49}Mg_{32}$	0.515	B	Mukhopadhyay, Thangaraj, Chattopadhyay, and Ranganathan(1987)
$Ga_{16}Mg_{32}Zn_{52}$	0.509	B	Ohahi and Spaepen(1987) Chen and Inoue(1987)
Ti_2Fe	$q=2.82(4)$		Dong, Hei, Wang, Song and Kuo (1986) Kelton, Gibbons and Sabes(1988)
Ti_2Mn	$q=2.78(2)$		Kelton, Gibbons and Sabes(1988)
Ti_2Co	$q=2.76(5)$		
Ti-Ni			Zhang, Ye And Kuo(1985)
$Ti_2(Ni,V)$		A	Zhang, Ye And Kuo(1985) Yang(1988)
Nb-Fe			Kuo(1987)
Mn-Ni-Si			Kuo, Dong, Zhou, Guo and Li(1986)
$V_{41}Ni_{36}Si_{23}$			Kuo, Zhou, and Li(1987)
$Pd_{58.8}U_{20.6}Si_{20.6}$	0.514		Poon, Drehmann and Lawless(1985)

注：A 为具 i-Al-Mn-Si 准晶结构类型的相；B 为具 i-(Al,Zn)-Mn 准晶结构类型的相。

　　准晶物质的存在性、研究方向、研究内容,已经引起越来越多的物理学家、化学家、材料学家、矿物学家的重视。大量事实可以证明,除了实验室条件下,在工业条件下以及地质条件下都可以形成准晶物质,只是形成的物理化学条件、结构特征等方面有一些差别。

第3章　正多面体的晶体学、准晶体学意义

在深入研究晶体与准晶体形态学基础上,我们认为晶体和准晶体中共有 5 种正多面体,其中晶体有 3 种正多面体(四面体、立方体、八面体),准晶体有 2 种正多面体(正十二面体、正二十面体)。

3.1　正多面体的定义

根据数学原理,正多面体的定义是,如果一个多面体的各个面的图形都是全等的正多边形,而各个多面角都是全等的正多面角,这种多面体称为正多面体,又称为柏拉图多面体(Platonic Body)。

5000 年前,古希腊人就证明了,用正多边形围成的凸正多面体仅有 5 种:正方形可以围成立方体;正三角形可以围成四面体、八面体、二十面体;正五边形可以围成十二面体。

古希腊伟大的数学家 Euclid 在著名的《几何原本》一书中,认真讨论过正多面体,他论证了重要的两点:①正多面体只有 5 种,即正四面体、正六面体(立方体)、正八面体、正十二面体和正二十面体;②每个正多面体都有一个外接球和一个内接球。

晶体学与准晶体学研究表明,前三种属于立方体对称系,出现在晶体中;而后两种则属于二十面体对称系,出现在准晶体中。

3.2　五种正多面体特征

3.2.1　正多面体的形态

根据晶体学和准晶体的对称性原理可认为,晶体中有立方体(正六面体)、正八面体、正四面体,准晶体中有正二十面体、正十二面体。

图 3.1 表示出了正四面体、正六面体、正八面体、正十二面体和正二十面体几何形态。图 3.2 表示出了正四面体、正六面体、正八面体、正十二面体和正二十面体不同方位的投影,图中为正四面体(a、b、c),正六面体(d、e),正八面体(f、g、h)的不同平面图,正十二面体(i)和正二十面体(j)的平面图显示 5 次对称。

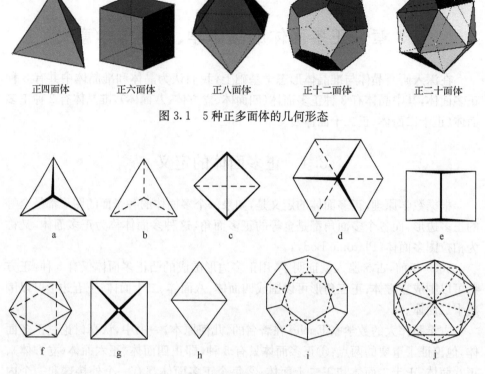

图 3.1　5 种正多面体的几何形态

图 3.2　5 种正多面体不同方位的投影图

3.2.2　欧拉公式

著名的数学家欧拉（Euler），在 1752 年发现各种正多面体间的关系式，他证明了，角顶数(e)－棱数(k)＋面数(f)＝2，即欧拉公式 $e-k+f=2$

5 种正多面体的 e,k,f 之间也满足欧拉公式，在数学上它们有密切的内在联系。表 3.1 表示出正多面体的角顶数、棱、面及其相互关系。

表 3.1　正多面体的面、棱、角顶数

名称	角顶数 e	棱数 k	面数 f	面角 α
正四面体	4	6	4	70°32′
正六面体	8	12	6	90°
正八面体	6	12	8	109°28′
正十二面体	20	30	12	116°34′
正二十面体	12	30	20	138°11′

可以利用表 3.2 中正多面体的表面积和体积数据和表 3.3 中正多面体相关公式,表述正四面体、正六面体、正八面体、正十二面体、正二十面体最基本特征。

表 3.2　正多面体的表面积和体积

名称	面的性质	T(表面积)	V(体积)
正四面体	4 个正三角形	$1.73205a^2$	$0.11785a^3$
正六面体(立方体)	6 个正方形	$6.00000a^2$	$1.00000a^3$
正八面体	8 个正三角形	$3.46410a^2$	$0.47140a^3$
正十二面体	12 个正五边形	$20.64573a^2$	$7.66312a^3$
正二十面体	20 个正三角形	$8.66025a^2$	$2.18169a^3$

表 3.3　正多面体相关公式

名称(点群)	每个面的面积 A	内切圆球半径 r	外接圆半径 R	体积 V
正四面体(T_d 群)	$\frac{1}{4}a^2\sqrt{3}$	$\frac{1}{12}a\sqrt{6}$	$\frac{1}{4}a\sqrt{6}$	$\frac{1}{12}a^3\sqrt{2}$
正立方体(O_h 群)	a^2	$\frac{1}{2}a$	$\frac{1}{2}a\sqrt{3}$	a^3
正八面体(O_h 群)	$\frac{1}{4}a^2\sqrt{3}$	$\frac{1}{6}a\sqrt{6}$	$\frac{1}{2}a\sqrt{2}$	$\frac{1}{3}a^3\sqrt{2}$
正十二面体(I_h 群)	$\frac{1}{4}a^2\sqrt{25+10\sqrt{5}}$	$\frac{1}{25}a\sqrt{250+110\sqrt{5}}$	$\frac{1}{4}a(\sqrt{15}+\sqrt{3})$	$\frac{1}{4}a^3(15+7\sqrt{5})$
正二十面体(I_h 群)	$\frac{1}{4}a^2\sqrt{3}$	$\frac{1}{12}a\sqrt{42+18\sqrt{5}}$	$\frac{1}{4}a\sqrt{10+2\sqrt{5}}$	$\frac{5}{12}a^3(3+\sqrt{5})$

3.2.3　共轭正多面体

共轭多面体是指,如果两个多面体的棱数相等,并且其中一个多面体的角顶数和面数等于另一个多面体的面数和角顶数,则称此两个多面体为共轭多面体。

① 正四面体的共轭正多面体是以它的 4 个面的中心为角顶连接起来的负四面体;

② 正六面体与正八面体互为共轭正多面体。正六面体的共轭正多面体是以它的 6 个面的中心为角顶连接起来的正八面体;正八面体的共轭正多面体是以它的 8 个面的中心为角顶连接起来的正六面体;

③ 正十二面体与正二十面体互为共轭正多面体。正十二面体的共轭正多面体是以它的 12 个面的中心为角顶连接起来的正二十面体;正二十面体的共轭正多面体是以它的 20 个面的中心为角顶连接起来的正十二面体。

3.2.4　正多面体之间的关系

（1）正多面体的晶体学和准晶体学分类

对比正四面体、正六面体、正八面体与正二十面体、正十二面体，会发现这两类正多面体之间在数学和结晶学上均有较大差异，因此可将正多面体分为晶体类和准晶体类。晶体类包括正四面体、正六面体和正八面体；准晶体类包括正十二面体和正二十面体。

① 晶体类的正六面体与正八面体互为共轭，正四面体与负四面体也是共轭的。正四面体与正六面体和正八面体的关系也很密切（图3.3）。准晶体类的正十二面体与正二十面体之间也有共轭关系。而晶体类正多面体与准晶体类正多面体之间没有对称关系，更没有共轭关系。

② 结晶类正多面体可按平移周期在3维空间中无限排列，堆垛之间无空洞。而准晶类正多面体生成的图形则没有平移周期，堆垛之间均有空洞。

③ 结晶类正多面体点群相同（$m3m$）或相似（子群 $\overline{4}3m$），都没有5次对称轴。准晶类正多面体属同一点群（$m\overline{3}5$），具5次对称轴。

④ 从3.3节表3.4可看出，结晶类的正多面体数学参数值明显小于准晶类正多面体，因此，前一类多面体堆垛密度明显大于后一类，晶格能量明显小于后一类。

⑤ 正十二面体、正二十面体目前仅在准晶结构中出现，但正四面体、正六面体和正八面体配位形式在晶体对称与晶体结构中占有重要的地位。

（2）正四面体、正六面体、正八面体之间的晶体学关系

正四面体、正六面体、正八面体是一类在晶体外形和晶体结构中经常出现的几何多面体。

从立体几何可以证明正八面体与正六面体之间的共轭关系，它们同属 $m3m$ 对称型。将正六面体各个面上的中心连接起来，就可以得到正八面体，反过来也可以从正八面体得到正六面体，如图3.3(a)所示。还可以证明，将正六面体各个面内的对角线连接起来即为正四面体，反过来也可以从正四面体求得正六面体，如图3.3(b)所示。同样可以证明，将正四面体各条棱的中心点连接起来，即为正八面体，反过来也可从正八面体求得正四面体，如图3.3(c)所示。

正四面体、正六面体、正八面体之间，不仅在数学上，而且在结晶学上都有密切关系，如3种正多面体均具有平移周期，即分别将这3种正多面体在空间平移可以无间隙地堆砌满整个空间。在材料和矿物的晶体结构中，普遍存在四面体、八面体、六面体配位，即4,6,8次配位。

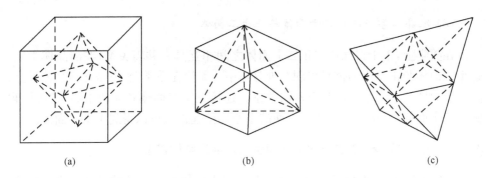

(a)　　　　　　　　　　(b)　　　　　　　　　　(c)

图 3.3　正四面体、正六面体、正八面体之间的关系

图 3.4 中,(a)表示立方体与八面体相互生长关系,立方体 6 个面中心连接可得到正八面体;八面体 8 个面中心连接可得到立方体;(b)表示立方体、八面体与正四面体相互生长关系,立方体 6 个面的其中一组对角线连接可得到正四面体,将四面体的棱中心连接可以得到八面体;(c)与(b)相似,表示另一组对角线连接,可以得到立方体、负四面体与八面体相互生长关系。

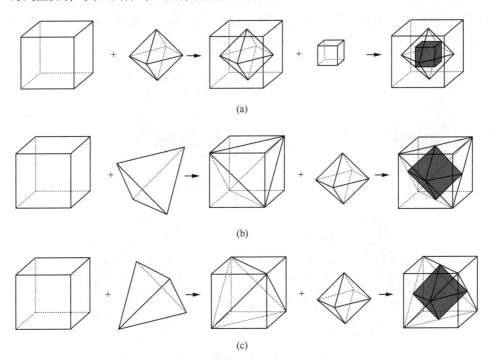

(a)

(b)

(c)

图 3.4　立方、四面体与八面体结晶学几何关系

(a) 立方体与八面体相互生长关系;(b) 立方体、八面体与正四面体相互生长关系;

(c) 立方体、负四面体与八面体相互生长关系

（3）准晶体学中的正二十面体与正十二面体

在数学上，正十二面体与正二十面体之间相互具有共轭关系；在准晶体学上，正十二面体与正二十面体只出现在准晶体中。无论在数学上，还是在准晶体学上，正十二面体与正二十面体都有密切关系。连接正十二面体各面的中心，就可以得到正二十面体，而正二十面体各个面的中心连接起来又可以得到正十二面体。

3.2.5　正十二面体、正二十面体共轭生长及准晶结构模型

1992 年陈敬中提出了正十二面体与正二十面体共轭生长的准晶结构模型，这种结构模型具有纳米微粒多重分数维特征，主体结构具有有规自相似性，填充结构则具有有规或无规自相似性。

从立体几何原理上看，正十二面体与正二十面体是共轭正多面体；从分形几何原理上看，符合分形和多重分形生长机理；这种密切关系保证了自相似放大和缩小的过程中模型的对称性不变，原子分布的空间位置是合理的。可以很容易形成正十二面体与正二十面体共轭生长分数维结构模型，这也是纳米微粒多重分数维准晶结构的框架主结构。图 3.5 是正十二面体与正二十面体的结晶学几何形态，图 3.6 表示出了正十二面体与正二十面体之间的共轭关系。

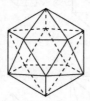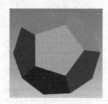

图 3.5　正十二面体与正二十面体的结晶学几何形态

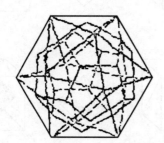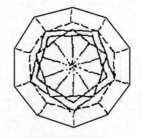

图 3.6　正十二面体与正二十面体之间的共轭关系

3.3　正多面体数学及晶体学、准晶体学参数

数学家们从立体几何、拓扑学，从欧拉定律等方面证明了最多只有 5 种正多面体，人们还计算了正多面体的数学参数。为了讨论和认证"纳米微粒多重分数维准晶结构模型"，我们计算、整理了数学及晶体学和准晶体学参数，如表 3.4 所示。对比这些参数可以明显看出一些变化规律，这些规律与晶体学、准晶体学原理相关。

表 3.4　正多面体的数学及结晶学参数

正多面体	正四面体	正八面体	正六面体	正二十面体	正十二面体
图形符号	T	O	O	I	I
面形	正三角形	正三角形	正方形	正三角形	正五边形
多面角	正三面角	正四面角	直三面角	正五面角	正三面角
面数 f	4	8	6	20	12
棱数 k	6	12	12	30	30
顶点数 e（配位数）	4	6	8	12	20
体积 $V_{多面体}$	$0.1179a^3$	$0.4714a^3$	a^3	$2.1817a^3$	$7.6631a^3$
表面积 $S_{多面体}$	$1.7321a^2$	$3.4641a^2$	$6a^2$	$8.6603a^3$	$20.6458a^2$
顶点到中心距离 d（外接球半径）	$0.5443a$	$0.7071a$	$0.8660a$	$0.95105a$	$1.4103a$
$\dfrac{棱长\ a}{顶点到中心距离\ d}$	1.8472	1.4142	1.1547	1.0515	0.7091
外接球体积 $V_{外球}$	$1.2410a^3$	$1.4809a^3$	$2.7205a^3$	$3.6033a^3$	$11.7496a^3$
外接球表面积 $S_{球}$	$3.7229a^2$	$6.2831a^2$	$9.4242a^2$	$11.3662a^2$	$24.9938a^2$
配位原子半径 R	$0.5a$	$0.5a$	$0.5a$	$0.5a$	$0.5a$
中心原子半径 r	$0.0443a^*$	$0.2071a$	$0.3660a$	$0.45105a$	$0.9103a$
$\dfrac{配位原子半径\ R}{中心原子半径\ r}$	11.2867	2.4142	1.3661	1.1085	0.5493
r/R	0.0886	0.4142	0.7320	0.9021	1.8206
点群符号	$\overline{4}3m$	$m3m$	$m3m$	$m\overline{3}\overline{5}$	$m\overline{3}\overline{5}$
对称要素	$3L_4^2 4L^3 6P$	$3L^4 4L^3 6L^2 9PC$	$3L^4 4L^3 6L^2 9PC$	$6L_{10}^5 10L_6^3 15L^2 15PC$	$6L_{10}^5 10L_6^3 15L^2 15PC$
相邻对称轴之间的夹角	$L_4^2 \wedge L_4^2 = 90°$	$L^4 \wedge L^4 = 90°$	$L^4 \wedge L^4 = 90°$	$L_{10}^5 \wedge L_{10}^5 = 63.43°$	$L_{10}^5 \wedge L_{10}^5 = 63.43°$
	$L^3 \wedge L^3 = 70.53°$	$L_6^3 \wedge L_6^3 = 70.53°$	$L_6^3 \wedge L_6^3 = 70.53°$	$L_6^3 \wedge L_6^3 = 41.81°$	$L_6^3 \wedge L_6^3 = 41.81°$
	$L_4^2 \wedge L^3 = 19.47°$	$L^2 \wedge L^3 = 28.97°$	$L^2 \wedge L^3 = 28.97°$	$L^2 \wedge L^2 = 36°$	$L^2 \wedge L^2 = 36°$
		$L^4 \wedge L_6^3 = 19.47°$	$L^4 \wedge L_6^3 = 19.47°$	$L_{10}^5 \wedge L_6^3 = 37.38°$	$L_{10}^5 \wedge L_6^3 = 37.38°$
		$L^4 \wedge L^2 = 45°$	$L^4 \wedge L^2 = 45°$	$L_{10}^5 \wedge L^2 = 31.72°$	$L_{10}^5 \wedge L^2 = 31.72°$
		$L_6^3 \wedge L^2 = 34.88°$	$L_6^3 \wedge L^2 = 34.88°$	$L_6^3 \wedge L^2 = 20.90°$	$L_6^3 \wedge L^2 = 20.90°$

　* $0.043a$ 为立体几何计算值，四面体中充填阳离子时需要把周边阴离子撑开一些，从而使阴离子近似于作最紧密堆积。

3.4　正二十面体与正十二面体

3.4.1　正二十面体与正十二面体之间的异同

正二十面体与正十二面体之间互为共轭,它们具有相同的点群 $(m\overline{35})$ 和对称要素 $6L_{10}^5 10L_6^3 15L^2 15PC$,对称轴之间夹角彼此对应相等。但是,两者之间在数学、准晶体学参数上仍然有很大的区别。

① 正二十面体中每个面为正三角形,多面角为正五面角,配位数为 12(角顶数)。而正十二面体中每个面为正五边形,可以分成 3 个等腰三角形拼图,多面角为正三面角,配位数为 20(角顶数)。从准晶体学上看,相同原子连接成正三角形,比相同原子连接成正五边形容易得多,前者符合最紧密堆积,晶格能量也小得多。从数学上可以证明空间 3 点只能确定一个平面,而空间 5 点可确定若干个平面 $(C_5^3 = 10)$,特殊情况下 5 点才在同一平面内。所以正三角形比正五边形连接方式容易得多,也稳定得多。

② 在正多面体配位中,若配位原子半径以 R 表示,中心原子半径以 r 表示,那么在正二十面体中 $R/r=1.1085, r/R=0.9021$,而在正十二面体中 $R/r=0.5493, r/R=1.8206$。因此当配位原子半径 R 与中心原子半径 r 相近或相等时,形成正二十面体的 12 次配位比形成正十二面体的 20 次配位要合理、稳定得多。

③ 当配位原子之间的距离,即键长相等时,或正二十面体与正十二面体棱长相等时,正二十面体的体积和表面积、外接球体积及表面积、中心原子半径以及配位数等都明显小于正十二面体的有关数值(表 3.4)。从结晶学角度看,正二十面体配位的堆垛密度比正十二面体的密度大得多,正二十面体结构形式是一种较为合理稳定的结构形式。

④ 在构成准晶结构的图形中,正十二面体与正二十面体以共轭生长方式出现,生长分数维图形,分数维值为 2.6652,双八面体空洞分布符合分数维图形规律,分数维值为 2.8891,这一图形与准晶结构密切相关。

3.4.2　$m\overline{35}$ 点群的 7 种单形

关于 $m\overline{35}$ 点群(也称二十面体点群)及单形,在 1983 年出版的《结晶学国际表》中已有详细描述,该表将 $m\overline{35}$ 点群归于非晶态点群类。1984 年底准晶体的发现,使得我们认为应进一步将 $m\overline{35}$ 点群归于准晶态点群类。彭志忠教授对 $m\overline{35}$ 点群的单形也做了推导。有关 $m\overline{35}$ 点群,即二十面体点群的参数整理如表 3.5 所示。

表 3.5　准晶态中二十面体点群 $m\overline{3}5$

重复点数	Wyckoff 符号	点的对称	多面体	坐标
120	e	l	一百二十面体或六重二十面体 (hecatonicosahedron or hexaicosahedron)	$(h\ \ k\ \ l)$ x,y,z
60	d	$m\ldots$	三重二十面体(极点在对称轴 2 和 $\overline{3}$ 之间) trisicosahedron	$(0\ \ k\ \ l)$,其中 $0.382\,\lvert k\rvert<\lvert l\rvert$ $0,y,z$,其中 $0.382\,\lvert y\rvert<\lvert z\rvert$
60	d	$m\ldots$	三角六十面体(极点在对称轴 $\overline{3}$ 和 $\overline{5}$ 之间) (deltoid-hexecontahedron)	$(0\ \ k\ \ l)$,其中 $0.382\,\lvert k\rvert>\lvert l\rvert>1.618\,\lvert k\rvert$ $0,y,z$,其中 $0.382\,\lvert y\rvert>\lvert z\rvert>1.618\,\lvert y\rvert$
60	d	$m\ldots$	五重十二面体(极点在对称轴 $\overline{5}$ 和 2 之间) (pentakisdodecahedron)	$(0\ \ k\ \ l)$,其中 $\lvert l\rvert>1.618\,\lvert k\rvert$ $0,y,z$,其中 $\lvert z\rvert>1.618\,\lvert y\rvert$
30	c	$2mm\ldots$	菱形三十面体 (rhomb-triacontahedron)	$(1\ \ 0\ \ 0)$ $x,0,0$
20	b	$3m(m.3)$	正二十面体 (regular icosahedron)	$(1\ \ 1\ \ 1)$ x,x,x
12	a	$5m(m.5)$	正五角十二面体 (regular pentagon-dodecahedron)	$(0\ \ 1\ \ \tau)$,其中 $\tau=1/2(\sqrt{5}+1)$ $0,y,\tau y$

空间投影对称:沿$[001]$为 $2mm$;沿$[111]$为 $6mm$;沿$[1\tau 0]$为 $10mm$。

3.5　正多面体的分数维堆垛及其准晶意义

正四面体、正六面体、正八面体可以作共角顶分数维堆垛,自相似性比例因子为 2.2,1.7712。正二十面体(a_0)作共角顶分数维堆垛时,二十面体(a_0)会为了适应大一级正二十面体(a_1)而作相应变形,按此规律可以生成 $a_2,a_3,\cdots,a_n$ 正二十面体。正十二面体与正二十面体共轭出现,自相似性比例因子为 $1+2\cos36°$,即 $1+(\sqrt{5}+1)/2=2.6180$,分数维值是 2.6652。模型中双八面体空洞分布符合分数维图形规律,分数维是 2.8891。

3.5.1　准晶中的分形和分数维

彭志忠教授认为,准晶在原子、分子结构这一层次上具有分数维结构。在研究物质部分有序结构时,如果把有格子构造的晶体称为 3 维平移有序固体,层状无序堆垛的结构称为 2 维固体,链状无序排列的结构称为 1 维固体,则物质的微小颗粒可能是分数维的固体。准晶体具分数维结构,证实了这种推测。

准晶结构模型具有分数维结构的一切特征,即具有自相似性,没有周期平移对称,结点作非均匀分布。准晶作为一个整体与其局部是自相似的,而每一局部又包含了整体的全部特点。在准晶生长过程中结点是不均匀的分布,越是到后期越复杂。因此,这种分数维具有变异性,但这种变异性又是属于自相似性之中的。

准晶具三度空间的有规分数维或无规分数维,可用多重分数维表征,自相似性比例因子为 $1+2\cos(360°/n)$,其中 n 为对称轴的次数。准晶体是具分数维特征的物质,这一发现无论对"分数维"或者对准晶体的研究都是十分重要的。

具有 5 次对称轴的准晶体是在原子、分子分布方面具有"分数维"结构的物质,这在科学上是首次发现。通过这一研究,把作为现代晶体学起点的有关晶体的科学与作为数学新分支的"分数维几何学"联系起来了,产生了一些新思想和新概念。这些研究,在物质结构上将具有开拓价值。

3.5.2　结晶类正多面体共角顶分数维堆垛

(1) 正四面体、正六面体、正八面体共角顶分数维堆垛

只有正四面体、正六面体、正八面体才能按共角顶方式进行分数维堆垛。

图 3.7 为正四面体的欧氏空间分数维堆垛图形。作图方法是将正四面体的每

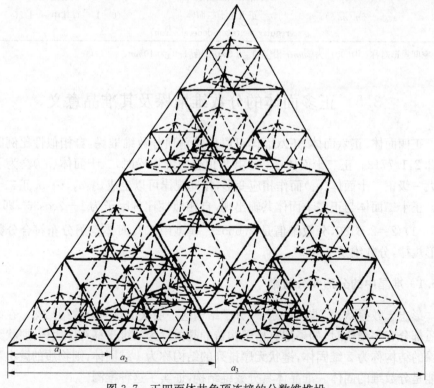

图 3.7　正四面体共角顶连接的分数维堆垛

个棱平分为二,组成 4 个小一级别的共角顶点的正四面体,然后再分别将每个小正四面体各条棱平分为二……按这一规律扩大或缩小就可以形成正四面体共角顶连接的分数维图形,而且每一级图形中有对应的八面体空洞。这种堆垛形式符合 $\overline{4}3m$ 型对称,对称要素为 $3L_4^2 4L^3 6P$,分数维值 $D = 2$。

图 3.8 为正六面体的欧氏空间分数维堆垛图。作图方法是将正六面体各条棱三等分,有规律地舍去中间一份,构成 9 个小一级别的正六面体,然后再把这 9 个正六面体各条棱分为三等分,同样有规律地舍去一份,构成 9 个更小级别的六面体……按这一规律扩大或缩小,就可形成正六面体共角顶连接的分数维图形。这种堆垛形式符合 $m3m$ 对称,对称要素为 $3L^4 4L_6^3 6L^2 9PC$,分数维值 $D = 2$。

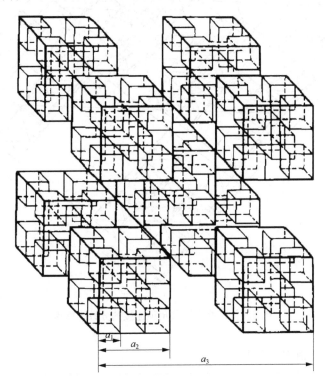

图 3.8　正六面体共角顶连接的分数维堆垛

图 3.9 为正八面体的欧氏空间分数维堆垛图。作图方法是将正八面体各条棱分为三等份,有规律地舍去中间一份,构成 7 个小一级别的正八面体,然后再将这 7 个正八面体各条棱分为三等份,同样规律地舍去一份,构成 7 个更小级别的正八面体……按此规律扩大或缩小就可形成正八面体共角顶连接的分数维图形。这种堆垛形式符合 mm 对称,对称要素为 $3L^4 4\,L_6^3\,6L^2 9PC$,分数维值 $D = 1.7712$。

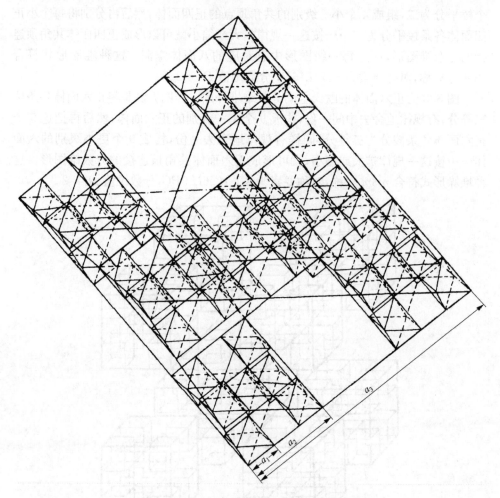

图 3.9　正八面体共角顶连接的分数维堆垛

（2）分数维图形的维数值

在确定某一形态的确切分数维维数时，先数一下以该形态某一点为中心、以 r 为半径的球形范围内的基本重复单元的个数 N；再根据欧几里得几何，得基本单元数等于一个常数 C 乘以该半径 r 的 D 次幂（$N=C \cdot r^D$，$D=\log N/\log r$），这里 D 即是维数。由此，可计算出上述正多面体的共角顶连接的分数维图形的维数。

对于正四面体，在 r 为 2 的球形体范围内，其中基本重复单元的个数为 4，则
$$D = \log 4/\log 2 = 2$$

对于正六面体，在 r 为 3 的球形体范围内，其中基本重复单元的个数为 9，则
$$D = \log 9/\log 3 = 2$$

对于正八面体,在 r 为 3 的球形体范围内,其中基本重复单元的个数为 7,则

$$D = \log 7 / \log 3 = 1.7712$$

(3) 结晶类正多面体数学、结晶学关系

表 3.6 列出了上述结晶类正多面体及共角顶分数维图形的数学、结晶学参数。

表 3.6　正多面体共角顶分数维图形数学、结晶学参数

正多面体	正四面体	正六面体	正八面体
图形符号	T	O	O
面形	正三角形	正方形	正三角形
多面角	正三面角	直三面角	正四面角
面数 f	4	6	8
棱数 k	6	12	12
顶点数 e	4	8	6
球体内基本单位个数 N	4	9	7
自相似性比例因子 r	2	3	3
维数 $D(D = \log N / \log r)$	2	2	1.7712
点群符号	$\overline{4}3m$	$m3m$	$m3m$
对称要素	$3L_4^2 4L^3 6P$	$3L^4 4L_3^3 6L^2 9PC$	$3L^4 4L_3^3 6L^2 9PC$

3.5.3　准晶类正多面体共轭分数维堆垛

共轭分数维模型是一种理想的准晶共轭结构模型的主体部分,其基本设计原理是

① 大小相近的原子,1 个 A 原子和 12 个 B 原子的最理想聚合方式是二十面体配位(a_0)。

② 以 a_0 二十面体"球',作结构单元,最理想的聚合方式是 13 个 a_0 二十面体(变形)共角顶形成大一级 a_1 二十面单元。

③ 以 a_{n-1} 二十面体"球"作结构单元,13 个 a_{n-1} 二十面体(变形)将形成 a_n 二十面体单元,即共轭分数维模型,如图 3.10 所示。

共轭分数维图形与任何一种分数维图形一样,在生长发展过程中,出现相应级别的空洞。只有在共轭分数维模型中的八面体空洞充填相应 $a_1, a_2, a_3 \cdots$ 或微小"团块"后,才能生成稳定的准晶共轭结构模型,这种模型具有多重分数维特征。

这种多重分数维模型可以很好地解释准晶结构 Al-Mn 合金的高分辨结构图,而且还成功地解释了 3 维 Penrose 数学拼图与准晶的电子显微镜高分辨结构图的密切关系,模型符合"扩散有限聚合"(diffusion-limited aggregation)的机制。

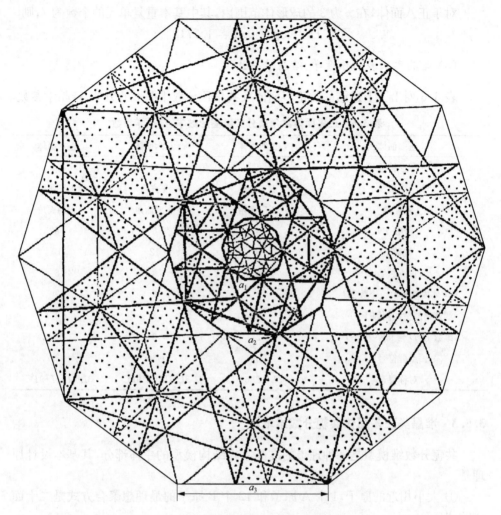

图 3.10 正二十面体与正十二面体共轭分数维模型

(相应双八面体充填则形成共轭准晶结构模型)

　　根据分数维的概念和图案特征,可以确认模型主体具有分数维几何形态,其分数维值为 2.6652。它是一类结构精细的图案,图形的每一个单元均由一定数目的亚单元所构成,而一定数目的单元又可拼成更大一级单元。这一图形具有自相似性的特点,适当放大或缩小几何尺寸,整个结构不变。每一级单元的结构中都有一些与其尺度成比例的"空洞",当图形尺度增加时,图形密度减小。每一级单元中其直径在整体直径的 1/2.6180 的球体范围内,任何一部分图形都完全类似于整个图形。

　　上述模型双八面体空洞充填原子、原子团等后,生成准晶多重分数维模型。根

据简化公式 $N = C \cdot r^D$，可以计算出共轭结构模型的多标度分形分数维值。具体计算方法是，首先确定出以该形态上某一点为中心、以 $r(2.6180^2)$ 为半径的球形范围内的基本重复单元 a_0 二十面体的个数 $N(13^2)$ 和双八面体的个数 $N(20 \times 13)$，分别将 r, N 代入 $N = C \cdot r^D$ 中，即可求出分数维值 D（其中，C 为常数）。

$$D(\text{共轭}) = \log N / \log r = \log N / \log[1 + 2\cos(360°/n)]^2$$
$$= \log(13 \times 13) / \log(1 + 2\cos36°)^2 = \log169 / \log6.8539 = 2.6652$$
$$D(\text{双八面体}) = \log N^n / \log r^n = \log(20 \times 13) / \log[1 + 2\cos(360°/n)]^2$$
$$= \log20 \times 13 / \log(1 + 2\cos36°)^2 = \log260 / \log6.8539 = 2.8891$$

Al-Mn 的准晶共轭结构模型的共轭分数维图形的维数值为 2.6652，Al-Mn 的准晶共轭结构模型中双八面体分布的分数维图形的维数值为 2.8891。正二十面体与正十二面体共轭生成的分数维图形的有关参数列于表 3.7。

表 3.7　正多面体共轭分数维图形的有关参数

正多面体	正二十面体	正十二面体
图形符号	I	I
面形	正三角形	正五边形
多面角	正五面角	正三面角
面数 f	20	12
棱数 k	30	30
顶点数 e	12	20
球体内基本单位个数 N	13	
自相似性比例因子 r	2.6180	
双重维数 $D(D = \log N / \log r)$	2.6652 2.8891	
点群符号	$m\overline{3}\,\overline{5}$	$m\overline{3}\,\overline{5}$
对称要素	$6L_{10}^5 10L_6^3 15L^2 15PC$	$6L_{10}^5 10L_6^3 15L^2 15PC$

晶体类正多面体，包括正四面体、正六面体、正八面体，它们均可以按共角顶连接成分数维图形。这种分数维图形中自相似性比例因子为整数，所以图形可以通过周期平移使空洞填满。因此这种图形只有分形几何学意义，而没有晶体学意义。

准晶类正多面体，包括正二十面体、正十二面体，它们不能按共角顶连接成分数维图形，只能以共轭生长方式生成分数维图形，自相似性比例因子为一无理数，即 $1 + 2\cos36° = 2.6180$，没有平移周期。这种共轭分数维图形在准晶学中有重要意义。

第4章 晶体、准晶体中的单形

在深入研究晶体与准晶体形态学基础上,我们认为晶体和准晶体中共有89种单形,其中晶体有47种单形,准晶体有42种单形。

4.1 单形的推导

由对称要素联系起来的一组晶面的总和称为单形,换句话说,单形也就是借对称型中全部对称要素的作用使它们相互重复的一组晶面。因此,同一单形的所有晶面彼此都是相等的。这具体表现为它们具有相同的性质,且在理想发育的情况下晶面应当是同形等大的。

根据单形定义,可以得出以下结论:

第一,若已知某种单形中的任一晶面,那么通过对称型中全部对称要素必可导出该单形所有晶面,也就是整个单形本身。

第二,在不同的对称型中,由于彼此间在对称要素的种类及数目上是有区别的,因而将导出不同的单形;而在同一对称型中,若单形的晶面与对称要素间的相对方位关系不同,则所导出的单形亦不同。

例如,晶体中对称型 L^4 的对称要素在空间的分布如图4.1(a)所示,原始晶面与对称要素的相对位置有7种,如图4.2(a)所示。

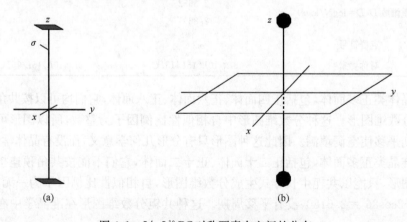

(a)　　　　　　　　　　　　(b)

图 4.1 L^4, $L^{10}PC$ 对称要素在空间的分布

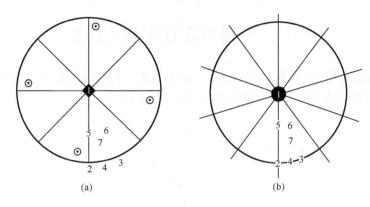

图 4.2　L^4, $L^{10}PC$ 对称型推导单形的极射赤平投影

① 位置 1　原始晶面垂直于 L^4,通过 L^4 的作用不能产生新的晶面,这一晶面就构成 1 种单形→单面。

② 位置 2　原始晶面平行于 L^4,通过 L^4 的作用可以产生与其呈 90°角的相互平行的两组晶面,由此构成 1 种单形→四方柱。

③ 位置 3　同位置 2 的推导,形成四方柱单形。

④ 位置 4　原始晶面与 L^4 斜交,通过 L^4 的作用可获得相交于 1 个顶点的 4 个晶面,它们组成 1 种单形→四方单锥。

⑤ 位置 5　同位置 4 的推导,形成四方单锥单形。

⑥ 位置 6　同位置 2 的推导,形成四方柱单形。

⑦ 位置 7　同位置 4 的推导,形成四方单锥单形。

在准晶体中对称型 $10/m(L^{10}PC)$ 的对称要素在空间的分布如图 4.1(b)所示,原始晶面与对称要素的相对位置可有如下 7 种[图 4.2(b)]:

① 位置 1　原始晶面垂直于 L^{10},通过 $L^{10}PC$ 的作用,可产生 1 个与其平行的晶面,由此构成 1 种单形→平行双面。

② 位置 2　原始晶面平行于 L^{10},通过 $L^{10}PC$ 的作用可以产生呈等角(36°)的相互平行的 5 组晶面,由此可以构成 1 种单形→十方柱。

③ 位置 3　同位置 2 的推导,形成十方柱单形。

④ 位置 4　同位置 2 的推导,形成十方柱单形。

⑤ 位置 5　原始晶面与 L^{10} 斜交,通过 $L^{10}PC$ 的作用可以获得相交于 1 个顶点的 10 个晶面,由此它们可以组成 1 种单形→十方双锥。

⑥ 位置 6　同位置 5 的推导,形成十方双锥单形。

⑦ 位置 7　同位置 5 的推导,形成十方双锥单形。

总之,在对称型 L^4, $L^{10}PC$ 中,晶面与对称要素的相对位置各有 7 种,我们共推导出 14 种单形。这种推导在极射赤平投影图上颇易进行。

4.2　单形的分类及几何形态

晶体和准晶体中共有 89 种单形,按低级晶族、中级晶族、高级晶族分类方式,可将晶体、准晶体的单形用几何图形表示,如图 4.3 所示。

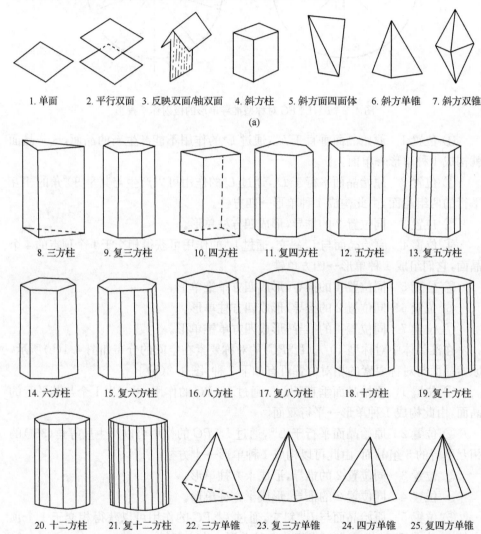

1. 单面　　2. 平行双面　3. 反映双面/轴双面　4. 斜方柱　5. 斜方面四面体　6. 斜方单锥　7. 斜方双锥

(a)

8. 三方柱　　9. 复三方柱　　10. 四方柱　　11. 复四方柱　　12. 五方柱　　13. 复五方柱

14. 六方柱　　15. 复六方柱　　16. 八方柱　　17. 复八方柱　　18. 十方柱　　19. 复十方柱

20. 十二方柱　21. 复十二方柱　22. 三方单锥　23. 复三方单锥　24. 四方单锥　25. 复四方单锥

26. 五方单锥　27. 复五方单锥　28. 六方单锥　29. 复六方单锥　30. 八方单锥　31. 复八方单锥

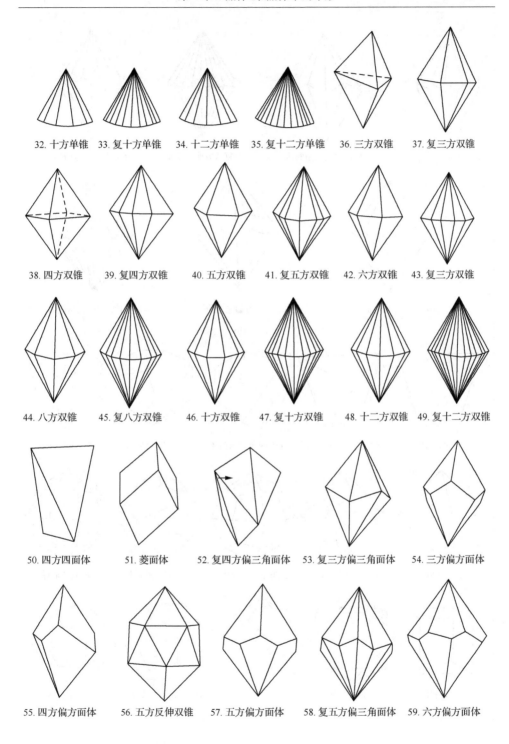

32. 十方单锥　33. 复十方单锥　34. 十二方单锥　35. 复十二方单锥　36. 三方双锥　37. 复三方双锥

38. 四方双锥　39. 复四方双锥　40. 五方双锥　41. 复五方双锥　42. 六方双锥　43. 复三方双锥

44. 八方双锥　45. 复八方双锥　46. 十方双锥　47. 复十方双锥　48. 十二方双锥　49. 复十二方双锥

50. 四方四面体　51. 菱面体　52. 复四方偏三角面体　53. 复三方偏三角面体　54. 三方偏方面体

55. 四方偏方面体　56. 五方反伸双锥　57. 五方偏方面体　58. 复五方偏三角面体　59. 六方偏方面体

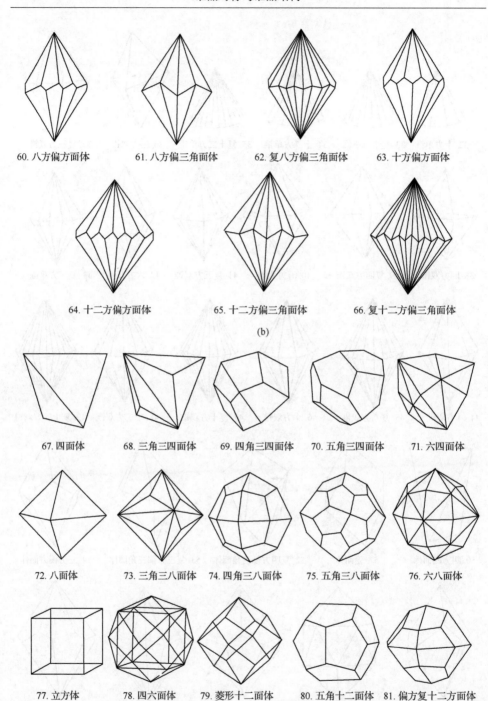

60. 八方偏方面体　　61. 八方偏三角面体　　62. 复八方偏三角面体　　63. 十方偏方面体

64. 十二方偏方面体　　65. 十二方偏三角面体　　66. 复十二方偏三角面体

(b)

67. 四面体　　68. 三角三四面体　　69. 四角三四面体　　70. 五角三四面体　　71. 六四面体

72. 八面体　　73. 三角三八面体　　74. 四角三八面体　　75. 五角三八面体　　76. 六八面体

77. 立方体　　78. 四六面体　　79. 菱形十二面体　　80. 五角十二面体　　81. 偏方复十二方面体

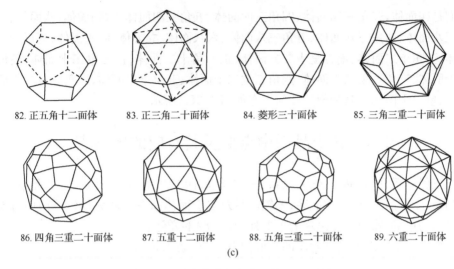

82. 正五角十二面体　　83. 正三角二十面体　　84. 菱形三十面体　　85. 三角三重二十面体

86. 四角三重二十面体　　87. 五重十二面体　　88. 五角三重二十面体　　89. 六重二十面体

(c)

图 4.3　晶体和准晶体中的 89 种单形

(a) 低级晶族；(b) 中级晶族；(c) 高级晶族

4.2.1　低级晶族

低级晶族共有 7 种单形在晶体中出现。它们是单面(准晶中可以出现)、平行双面(准晶中可以出现)、反映双面/轴双面、斜方柱、斜方四面体、斜方单锥、斜方双锥。其理想的几何形态如图 4.3(a)所示。

4.2.2　中级晶族

中级晶族中共有 59 种单形，其中属于晶体的有 25 种，属于准晶体的有 34 种。它们是三方柱、复三方柱、四方柱、复四方柱、五方柱、复五方柱、六方柱、复六方柱、八方柱、复八方柱、十方柱、复十方柱、十二方柱、复十二方柱、三方单锥、复三方单锥、四方单锥、复四方单锥、五方单锥、复五方单锥、六方单锥、复六方单锥、八方单锥、复八方单锥、十方单锥、复十方单锥、十二方单锥、复十二方单锥、三方双锥、复三方双锥、四方双锥、复四方双锥、五方双锥、复五方双锥、六方双锥、复三方双锥、八方双锥、复八方双锥、十方双锥、复十方双锥、十二方双锥、复十二方双锥、四方四面体、菱面体、复四方偏三角面体、复三方偏三角面体、三方偏方面体、四方偏方面体、五方反伸双锥、五方偏方面体、复五方偏三角面体、六方偏方面体、八方偏方面体、八方偏三角面体、复八方偏三角面体、十方偏方面体、十二方偏方面体、十二方偏三角面体、复十二方偏三角面体。其理想的几何形态如图 4.3(b)所示。

4.2.3　高级晶族的单形

高级晶族中共有 23 种单形，其中属于晶体的有 15 种，属于准晶体的有 8 种。

它们是四面体、三角三四面体、四角三四面体、五角三四面体、六四面体、八面体、三角三八面体、四角三八面体、五角三八面体、六八面体、立方体、四六面体、菱形十二面体、五角十二面体、偏方复十二方面体、正五角十二面体、正三角二十面体、菱形三十面体、三角三重二十面体、四角三重二十面体、五重十二面体、五角三重二十面体、六重二十面体。其理想的几何形态如图 4.3(c)所示。

4.3　各个晶系中点群及其对应的单形表

三斜晶系、单斜晶系、斜方晶系、三方晶系、四方晶系、五方晶系、六方晶系、八方晶系、十方晶系、十二方晶系、等轴晶系及二十面体晶系各对称型（点群）中可能推导出的单形,除掉重复出现的单形外,共有 89 种单形。

各个晶系中点群及其对应的单形如表 4.1～表 4.9 所示。

表 4.1　低级晶族各晶系点群对应的单形

低级晶族	三斜晶系		单斜晶系			斜方晶系		
	$1(L^1)$	$\bar{1}(C)$	$2(L^2)$	$m(P)$	$2/m$	222	mm	mmm
$\{hkl\}$	单面	平行双面	轴双面	反映双面	斜方柱	斜方四面体	斜方单锥	斜方双锥
$\{0kl\}$	单面	平行双面	轴双面	反映双面	斜方柱	斜方柱	反映双面	斜方柱
$\{h0l\}$	单面	平行双面	平行双面	单面	平行双面	斜方柱	反映双面	斜方柱
$\{hk0\}$	单面	平行双面	轴双面	反映双面	斜方柱	斜方柱	斜方柱	斜方柱
$\{100\}$	单面	平行双面	平行双面	单面	平行双面	平行双面	平行双面	平行双面
$\{010\}$	单面	平行双面	单面	平行双面	平行双面	平行双面	平行双面	平行双面
$\{001\}$	单面	平行双面	平行双面	单面	平行双面	平行双面	单面	平行双面

表 4.2　三方晶系点群对应的单形

三方晶系	3	32	$3m$	$\bar{3}$	$\bar{3}m$
$\{hkll\}$	三方单锥	三方偏方面体	复三方单锥	菱面体	复三方偏三角面体
$\{h0\bar{h}l\}$	三方单锥	菱面体	三方单锥	菱面体	菱面体
$\{hh\bar{2}hl\}$	三方单锥	三方双锥	六方单锥	菱面体	六方双锥
$\{hki0\}$	三方柱	复三方柱	复三方柱	六方柱	复六方柱
$\{10\bar{1}0\}$	三方柱	六方柱	三方柱	六方柱	六方柱
$\{11\bar{2}0\}$	三方柱	三方柱	六方柱	六方柱	六方柱
$\{0001\}$	单面	平行双面	单面	平行双面	平行双面

表 4.3　四方晶系各点群对应的单形

四方晶系	4	42	4/m	4nm	4/mmm	$\overline{4}$	$\overline{4}2m$
{hkl}	四方单锥	四方偏方面体	四方双锥	复四方单锥	复四方双锥	四方四面体	四方偏三角面体
{hhl}	四方单锥	四方双锥	四方双锥	四方单锥	四方双锥	四方四面体	四方四面体
{h0l}	四方单锥	四方双锥	四方双锥	四方单锥	四方双锥	四方四面体	四方双锥
{hk0}	四方柱	复四方柱	四方柱	复四方柱	复四方柱	四方柱	复四方柱
{110}	四方柱	四方柱	四方柱	四方柱	四方柱	四方柱	四方柱
{100}	四方柱	四方柱	四方柱	四方柱	四方柱	四方柱	四方柱
{001}	单面	平行双面	平行双面	单面	平行双面	平行双面	平行双面

表 4.4　含 5 次对称轴的五方晶系各点群对应的单形

五方晶系	5	5m	$\overline{5}$	$\overline{5}m$	52
{hkl}	五方单锥	复五方柱	五方反伸双锥	复五方偏三角面体	五方偏方面体
{hhl}	五方单锥	五方柱	五方反伸双锥	五方反伸双锥	五方反伸双锥
{h0l}	五方单锥	十方柱	五方反伸双锥	十方双锥	五方双锥
{hk0}	五方柱	复五方柱	十方柱	复十方柱	复五方柱
{110}	五方柱	五方柱	十方柱	十方柱	十方柱
{100}	五方柱	十方柱	十方柱	十方柱	五方柱
{001}	单面	单面	平行双面	平行双面	平行双面

表 4.5　六方晶系各点群对应的单形

六方晶系	6	62	6/m	6mm	6/mmm	$\overline{6}$	$\overline{6}m$
{hkil}	六方单锥	六方偏方面体	六方双锥	复六方单锥	复六方双锥	三方双锥	复三方双锥
{h0$\overline{h}$l}	六方单锥	六方双锥	六方双锥	六方单锥	六方双锥	三方双锥	三方双锥
{hh$\overline{2h}$l}	六方单锥	六方双锥	六方双锥	六方单锥	六方双锥	三方双锥	六方双锥
{hki0}	六方柱	复六方柱	六方柱	复六方柱	复六方柱	三方柱	复三方柱
{10$\overline{1}$0}	六方柱	六方柱	六方柱	六方柱	六方柱	三方柱	三方柱
{11$\overline{2}$0}	六方柱	六方柱	六方柱	六方柱	六方柱	三方柱	六方柱
{0001}	单面	平行双面	平行双面	单面	平行双面	平行双面	平行双面

表 4.6　含 8 次对称轴的八方晶系各点群对应的单形

八方晶系	8	8m	$\overline{8}$	$\overline{8}2m$	82	8/m	8/mmm
{hkl}	八方单锥	复八方单锥	八方偏三角面体	复八方偏三角面体	八方偏方面体	八方双锥	复八方双锥
{hhl}	八方单锥	八方单锥	八方双锥	八方双锥	八方双锥	八方双锥	八方双锥
{h0l}	八方单锥	八方单锥	八方双锥	八方双锥	八方双锥	八方双锥	八方双锥
{hk0}	八方柱	复八方柱	八方柱	复八方柱	复八方柱	八方柱	八方柱
{110}	八方柱	八方柱	八方柱	八方柱	八方柱	八方柱	八方柱
{100}	八方柱	八方柱	八方柱	八方柱	八方柱	八方柱	八方柱
{001}	单面	单面	平行双面	平行双面	平行双面	平行双面	平行双面

表 4.7　含 10 次对称轴的十方晶系各点群对应的单形

十方晶系	10	10m	$\overline{10}(5/m)$	$\overline{10}m$	102	10/m	10/mmm
{hkl}	十方单锥	复十方单锥	五方双锥	复五方双锥	十方偏方面体	十方双锥	复十方双锥
{hhl}	十方单锥	十方单锥	五方双锥	十方双锥	十方双锥	十方双锥	十方双锥
{h0l}	十方单锥	十方单锥	五方双锥	五方双锥	十方双锥	十方双锥	十方双锥
{hk0}	十方柱	复十方柱	五方柱	复五方柱	复五方柱	十方柱	复十方柱
{110}	十方柱	十方柱	五方柱	十方柱	十方柱	十方柱	十方柱
{100}	十方柱	十方柱	五方柱	五方柱	十方柱	十方柱	十方柱
{001}	单面	单面	平行双面	平行双面	平行双面	平行双面	平行双面

表 4.8　含 12 次对称轴的十二方晶系各点群对应的单形

十二方晶系	12	12m	$\overline{12}$	$\overline{12}m$	122	12/m	12/mmm
{hkl}	十二方单锥	复十二方单锥	十二方偏三角面体	复十二方偏三角面体	十二方偏方面体	十二方双锥	复十二方双锥
{hhl}	十二方单锥	十二方单锥	十二方双锥	十二方双锥	十二方双锥	十二方双锥	十二方双锥
{h0l}	十二方单锥	十二方单锥	十二方双锥	十二方双锥	十二方双锥	十二方双锥	十二方双锥
{hk0}	十二方柱	复十二方柱	十二方柱	复十二方柱	复十二方柱	十二方柱	十二方柱
{110}	十二方柱	十二方柱	十二方柱	十二方柱	十二方柱	十二方柱	十二方柱
{100}	十二方柱	十二方柱	十二方柱	十二方柱	十二方柱	十二方柱	十二方柱
{001}	单面	单面	平行双面	平行双面	平行双面	平行双面	平行双面

表 4.9　等轴晶系及二十面体晶系的各点群对应的单形

等轴晶系及二十面体晶系	等轴晶系的单形					二十面体晶系的单形	
	23	$m3$	$\overline{4}3m$	43	$m3m$	235	$m\overline{3}5$
$\{hkl\}$	五角三四面体	偏方复十二面体	六四面体	五角三八面体	六八面体	五角三重二十面体	六重二十面体
$\{hhl\}$	四角三四面体	三角三八面体	四角三四面体	三角三八面体	三角三八面体	五重十二面体	五重十二面体
$\{hkk\}$	三角三四面体	四角三八面体	三角三四面体	四角三八面体	四角三八面体	四角三重二十面体	四角三重二十面体
$\{111\}$	四面体	八面体	四面体	八面体	八面体	三角三重二十面体	三角三重二十面体
$\{hk0\}$	五角十二面体	五角十二面体	四六面体	四六面体	四六面体	菱形三十面体	菱形三十面体
$\{110\}$	菱形十二面体	菱形十二面体	菱形十二面体	菱形十二面体	菱形十二面体	正三角二十面体	正三角二十面体
$\{100\}$	立方体	立方体	立方体	立方体	立方体	正五角十二面体	正五角十二面体

第 5 章　晶体、准晶体中的点群和极赤投影

在深入研究晶体与准晶体对称性理论的基础上，我们认为晶体和准晶体中共有 12 种晶系，其中晶体有 7 种晶系（三斜晶系、单斜晶系、斜方晶系、三方晶系、四方晶系、六方晶系、等轴晶系），准晶体有 5 种晶系（五方晶系、八方晶系、十方晶系、十二方晶系、二十面体晶系）；共有 89 种单形，其中晶体有 47 种，准晶体有 42 种；共有 60 个点群，其中晶体有 32 个，准晶体有 28 个。

5.1　准晶体的点群

1984 年，Daniel Shechtman 在准晶研究中发现有与经典晶体学不相符的 $m\overline{3}5$ 点群，随后许多科学家又发现了 8，10，12 次对称轴的准晶体。

准晶体不具备经典晶体学意义上的周期平移对称，而具有准周期平移对称；准晶体具有经典晶体学中全部的外形（宏观）对称要素（对称中心，对称轴，旋转反伸轴）。因此准晶体有自己的点群及单形，其推导方式与经典晶体学类似。关于 $m\overline{3}5$ 点群及单形，在《结晶学国际表》A 卷中有详细描述，该表将 $m\overline{3}5$ 点群归于非晶态点群类，列出了 7 种单形：一百二十面体或六重二十面体、三重二十面体、三角六十面体、五重十二面体、菱形三十面体、正二十面体、正五角十二面体。经典晶体学有 32 个点群和 47 种几何单形。我国学者彭志忠、施倪承、陈敬中等研究了与准晶体有关的点群和单形等对称理论问题。

彭志忠（1986）提出了含 5 次对称轴的准晶的 14 种新点群，如下所示。

等轴晶系　　$Y = 235, Y_h = m\overline{3}\,\overline{5}$

十方晶系　　$C_{10} = 10, C_{5h}(C_{10i}) = \overline{10}(5/m), C_{10h} = 10/m, D_{10} = 10\,22,$

$\qquad\qquad\quad C_{10v} = 10mm, D_{5h} = \overline{10}\,2m, D_{10h} = 10/mmm$

五方晶系　　$C_5 = 5, C_{5i}(S_{10}) = \overline{5}, D_5 = 52, C_{5v} = 5m, D_{5d} = \overline{5}m$

与此同时还推导出 24 种新的几何单形，属等轴晶系的有正五角十二面体、正三角二十面体、菱形三十面体、三角三重二十面体、四角三重二十面体、五重十二面体、五角三重二十面体、六重二十面体；属五方晶系和十方晶系的有五方柱、复五方柱、五方单锥、复五方单锥、五方双锥、复五方双锥、十方柱、复十方柱、十方单锥、复十方单锥、十方双锥、复十方双锥、十方偏方面体、五方反伸双锥、五方偏方面体、复五方偏三角面体。

彭志忠等还推导出 4 种准晶格,即等轴晶系中的二十面体准晶格和正五角十二面体准晶格,五方晶系中的五边形准晶格和十边形准晶格。

施倪承等(1988)推导出八方晶系和十二方晶系的新点群各 7 个,如下所示。

八方晶系 $C_8 = 8, S_8 = \bar{8}, C_{8h} = 8/m, D_8 = 822, C_{8v} = 8mm, D_{4d} = \bar{8} 2m,$

　　　　　$D_{8h} = 8/mmm$

十二方晶系 $C_{12} = 12, C_{12i}(S_{12}) = \overline{12}, C_{12h} = 12/m, D_{12} = 12\,2,$

　　　　　$C_{12v} = 12mm, D_{6d} = \overline{12}\,2m, D_{12h} = 12/mmm$

此外,他们还推导出对应的新几何单形各 9 种,属八方晶系的有八方柱、复八方柱、八方单锥、复八方单锥、八方双锥、复八方双锥、八方偏方面体、八方偏三角面体、复八方偏三角面体;属十二方晶系的有十二方柱、复十二方柱、十二方单锥、复十二方单锥、十二方双推、复十二方双锥、十二方偏方面体、十二方偏三角面体、复十二方偏三角面体。

以上推导出的与准晶体五方晶系、八方晶系、十方晶系、十二方晶系、二十面体晶系有关的新点群共有 28 个,新单形共有 42 种。

我们(陈敬中等,1993)认为,准晶体中对称轴是有限的,与晶体学对称轴一样具有偶次性,即 $5(L_{10}^5)$,8,10 和 12 次对称轴,不会出现 12 次以上的对称轴。准晶体与晶体的对称轴间的关系,可以用公式 $\sqrt{2^k}(k = 0,2,4,6,8,10,12)$ 表示;从结构特点分析,准晶体偏向晶体,在准晶体与玻璃之间可能存在一种准玻璃物态。

在上述研究基础上,我们进一步补充完善了点群和单形等对称理论问题。

5.2 准晶体中点群(对称型)的推导

准晶体外形可能出现的对称要素与晶体密切相关,如都具有对称中心(C)、对称面(P)、对称轴、旋转反伸轴,但准晶体的对称要素中会出现一些新的对称轴(L^5, L^8, L^{10}, L^{12})和新的旋转反伸轴($L_i^5, L_i^8, L_i^{10}, L_i^{12}$)。新对称要素的出现破坏了晶体中周期平移的结构,而产生新的具有准周期平移的结构。

多面体中全部对称要素的组合称为对称型,由于全部对称要素都相交于一点,因此在进行对称操作时,至少有一点不移动,故对称型也称为点群。为了便于推导,我们将高次对称轴不多于 1 个的组合称为 A 类,多于 1 个的组合称为 B 类。

5.2.1 A 类对称型的推导

(1) 对称轴 L^n 单独存在

对称型为

$$L^1, L^2, L^3, L^4, L^5, L^6, L^8, L^{10}, L^{12}$$

其中，L^5, L^8, L^{10}, L^{12} 为准晶体的点群。

（2）对称轴与对称轴的组合

A 类只包括高次对称轴不多于 1 个的对称型，故只考虑 L 及 L^2 的组合。如果 L^2 与 L^n 斜交，通过 L^2 的旋转轴可能出现多于 1 个的高次对称轴，而只有当 L^2 与 L^n 垂直时才不会产生新的 L^n。在此我们只考虑 L^n 与垂直它的 L^2 的组合。

根据对称要素组合规律 $L^n + L^2 \to L^n n L^2$ 可知，可能出现的对称型为

$(L^1 L^2 = L^2), L^2 2L^2 = 3L^2, L^3 3L^2, L^4 4L^2, L^5 5L^2, L^6 6L^2, L^8 8L^2, L^{10} 10L^2, L^{12} 12L^2$

括号内的对称型与其他项推导出的对称型重复，下同。

其中，$L^5 5L^2, L^6 6L^2, L^8 8L^2, L^{10} 10L^2, L^{12} 12L^2$ 为准晶体的点群。

（3）对称轴 L^n 与垂直它的对称面 P 的组合

考虑到组合规律

$$L^{n(\text{偶次})} + P_\perp \to L^{n(\text{偶次})} PC, \quad L^{n(\text{奇次})} + P_\perp \to L^{n(\text{奇次})} P$$

可能出现的对称型为

$(L^1 P = P), L^2 PC, (L^3 P = L_i^6), L^4 PC, (L^5 P = L_i^{10}), L^6 PC, L^8 PC, L^{10} PC, L^{12} PC$

其中，$(L^5 P = L_i^{10}) L^8 PC, L^{10} PC, L^{12} PC$ 为准晶体的点群。

（4）对称轴 L^n 与包含它的对称面的组合

根据组合规律 $L^n + P_\parallel \to L^n n P_\parallel$，可能的对称型为

$(L^1 P = P), L^2 2P, L^3 3P, L^4 4P, L^5 5P, L^6 6P, L^8 8P, L^{10} 10P, L^{12} 12P$

其中，$L^5 5P, L^8 8P, L^{10} 10P, L^{12} 12P$ 为准晶体的点群。

若对称面 P 与高次对称轴斜交，通过对称面的反映仍有可能产生多于 1 个高次对称轴的情况，而垂直或包含 L^n 时则不会产生多于 1 个的高次对称轴，故此处 L^n 与 P 的组合考虑上述两种情况。

（5）对称轴与垂直它的对称面以及平行它的对称面的组合

垂直 L^n 的 P 与包含 L^n 的 P 的交线必为垂直 L^n 的 L^2，即

$$L^n + P_\parallel + P_\perp = L^n + P_\parallel + P_\perp + L_\perp^2 \to L^n n L^2 (n+1) P(C)$$

其中 C 只在 n 为偶次时才出现。

按此组合规律可能出现的对称型为

$(L^1 L^2 2P = L^2 2P), L^2 2L^2 3PC = 3L^2 3PC, (L^3 3L^2 4P = L_i^6 3L^2 3P), L^4 4L^2 5PC,$
$(L^5 5L^2 6P = L_i^{10} 5L^2 5P), L^6 6L^2 7PC, L^8 8L^2 9PC, L^{10} 10L^2 11PC, L^{12} 12L^2 13PC$

其中，有 4 种新的对称型 $(L^5 5L^2 6P = L_i^{10} 5L^2 5P), L^8 8L^2 9PC, L^{10} 10L^2 11PC,$
$L^{12} 12L^2 13PC$，它们为准晶体的点群。

(6) 旋转反伸轴 L_i^n 单独存在

可能存在的对称型为
$$L_i^1 = C, L_i^2 = P, L_i^3 = L^3C, L_i^4, L_i^5, L_i^6, L_i^8, L_i^{10}, L_i^{12}$$
其中，$L_i^5, L_i^6, L_i^8, L_i^{10}, L_i^{12}$ 为准晶体的点群。

(7) 旋转反伸轴 L_i^n 与垂直它的 L^2（或包含它的 P）的组合

根据组合规律，当 n 为奇数时，$L_i^n n L^2 n P$ 可能出现的对称型为
$$(L_i^1 L^2 P = L^2 P C), L_i^3 3L^2 3PC, L_i^3 3L^2 3P, L_i^5 5L^2 PC =, L_i^5 5L^2 P$$
其中，$L_i^5 5L^2 P$ 为准晶体的点群。

当 n 为偶数时，$L_i^n (n/2) L^2 n P \cdot (n/2) P$ 可能出现的对称型为
$(L_i^2 L^2 P = L^2 2P), L_i^4 2L^2 2P, L_i^6 3L^2 3P = L^3 3L^2 4P, L_i^8 4L^2 4P, L_i^{10} 5L^2 5P, L_i^{12} 6L^2 6P$
其中，准晶体的点群为 $L_i^8 4L^2 4P, L_i^{10} 5L^2 5P, L_i^{12} 6L^2 6P$。

由于对称面 $P = L_i^2$，对称中心 $C = L_i^1$，故它们都可以不再单独列出。

5.2.2　B 类对称型的推导

在 B 类对称型中，高次对称轴 L^n 与 L^m 的组合，相当于正 n 边形所组成的正多面体中高次对称轴的组合。例如 L^4 与 L^3 的组合，设有 1 个 L^4 与 L^3 相交于晶体中心，由于 L^4 的作用，在 L^4 的周围可获得 4 个 L^3。在每个 L^3 上距晶体中心等距离的地方取一个点，连接这些点可以得到 1 个正四边形，L^4 出露于正四边形的中心，L^3 出露于正四边形的角顶。由于 L^3 的作用，在 L^3 周围必定可以获得 3 个正四边形，它们汇集而成 1 个凸三面角，L^3 即出露于这个凸三面角的顶上。这样，我们就获得了 1 个由 6 个正四边形和 8 个凸三面角组成的正多面体——立方体。所以高次对称轴 L^4 与 L^3 的组合就相当于正四边形所组成的正多面体——立方体中高次对称轴的组合。

表 5.1 列出了正多边形可能围成的正多面体及其所具有的对称轴的组合。

表 5.1　正多边形可能围成的正多面体及其对称轴的组合

正多边形形状		正三角形			正四边形	正五边形
正多面体形状		正四面体(T)	正八面体(O)	正二十面体(I)	正六面体	正十二面体
正多面体的参数	面	4	8	20	6	12
	棱	6	12	30	12	30
	角	4	6	12	8	20
对称轴组合		②$3L^2 4L^3$	①$3L^4 4L^3 6L^2$	③$6L^5 10L^3 15L^2$	①$3L^4 4L^3 6L^2$	③$6L^5 10L^3 15L^2$

表 5.2　对称型的推导

共同式		对称型							晶系
		L^n	$L^n nL^2$	$L^n P_\perp(C)$	$L^n nLP$	$L^n L^2(n+1)P(C)$	L_i^n	$L^{n(奇)}nL^2nP$ / $L^{n(偶)}(n/2)L^2(n/2)P$	
A 类	$n=1$	L^1					$L_i^1=C$		三斜晶系
	$n=2$	L^2		L^2PC	P				单斜晶系
	$n=2$		$3L^2$		L^22P	$3L^23PC$			斜方晶系
	$n=3$	L^3	L^33L^2		L^33P		$L_i^3=L^3C$	$L_i^33L^23PC$	三方晶系
	$n=4$	L^4	L^44L^2	L^4PC	L^44P	L^44L^25PC	L_i^4	$L_i^42L^22P$	四方晶系
	$n=5$	L^5	L^55L^2		L^55P		L_i^5	$L_i^55L^25P$	五方晶系
	$n=6$	L^6	L^66L^2	L^6PC	L^66P	L^66L^27PC	$L_i^6=L^3P$	$L_i^63L^23P=L^33L^24PC$	六方晶系
	$n=8$	L^8	L^88L^2	L^8PC	L^88P	L^88L^29PC	L_i^8	$L_i^84L^24P$	八方晶系
	$n=10$	L^{10}	$L^{10}10L^2$	$L^{10}PC$	$L^{10}10P$	$L^{10}10L^211PC$	$L_i^{10}=L^5PC$	$L_i^{10}5L^25P=L^55L^25PC$	十方晶系
	$n=12$	L^{12}	$L^{12}12L^2$	$L^{12}PC$	$L^{12}12P$	$L^{12}12L^213PC$	L_i^{12}	$L_i^{12}6L^26P$	十二方晶系
B 类		$3L^24L^3$	$3L^44L^36L^2$	$3L^24L^33PC$	$3L^44L^36P$	$3L^44L^36L^29PC$			等轴晶系
			$6L^510L^315L^2$			$6L^510L^315L^215PC$			二十面体晶系

从表中可以得出多面体中对称轴的组合有下面 3 种类型：

① 立方体(正六面体)及正八面体中对称轴组合为 $3L^4 4L^3 6L^2$；

② 正四面体中对称轴组合为 $3L^2 4L^3$；

③ 正二十面体及正十二面体中对称轴组合为 $6L^5 10L^3 15L^2$。

在①和③对称型 $3L^4 4L^3 6L^2$ 和 $6L^5 10L^3 15L^2$ 中分别加入 1 个不产生新对称轴的对称面，可以分别获得④和⑤对称型 $3L^4 4L^3 6L^2 9PC$ 和 $6L^5 10L^3 15L^2 15PC$。

在上述②对称型 $3L^2 4L^3$ 中加入不产生新对称轴的对称面的方法有两种，其结果分别获得⑥和⑦两种对称型 $3L^2 4L^3 3PC$ 和 $3L_i^4 4L^3 6P$。

其中③$6L^5 10L^3 15L^2$，⑤$6L^5 10L^3 15L^2 15PC$ 为准晶体的点群。

5.2.3　晶体和准晶体点群(对称型)

为了更直观明确表示晶体和准晶体对称型的推导，表 5.2 以表格方式分 A 类、B 类列出了所有对称型及推导过程。由表 5.2 可知晶体、准晶体中总共可以推导出 60 个点群，其中晶体的点群有 32 个，准晶体的点群有 28 个。

5.3　晶体、准晶体的对称分类

综合晶体、准晶体的对称几何理论，可以得出晶体、准晶体的对称分类表(表 5.3)。对称元素的国际符号：n 为旋转轴($n=1,2,3,4,5,6,8,10,12$)；$\bar{n}$ 为旋转倒反轴；$m=\bar{2}$ 为对称面。本章点群和对称元素的符号一般都采用国际符号。

表 5.3　晶体与准晶体对称分类

晶族	晶系	点群符号			对称型种类	对称特点
		国际符号		Schoenflies 符号		
		简略	完全			
低级晶族 无高次轴	三斜	1	1	C_1	L^1	无 L^2、无 P
		$\bar{1}$	$\bar{1}$	$C_i=S_2$	C	
	单斜	2	2	C_2	L^2	L^2 或 P 不多于 1 个
		m	m	$C_{1h}=C_s$	P	
		$2/m$	$2/m$	C_{2h}	$L^2 PC$	
	正交	222	222	$D_2=V$	$3L^2$	L^2 或 P 多于 1 个
		$mm2$	$mm2$	C_{2v}	$L^2 2P$	
		mmm	$\dfrac{2}{m}\dfrac{2}{m}\dfrac{2}{m}$	$D_{2h}=V_h$	$3L^2 3PC$	

续表

晶族	晶系	点群符号			对称型种类	对称特点
		国际符号		Schoenflies 符号		
		简略	完全			
中级晶族 仅有1个高次轴	四方	4	4	C_4	L^4	
		$\bar{4}$	$\bar{4}$	S_4	L_i^4	
		$4/m$	$4/m$	C_{4h}	L^4PC	
		422	422	D_4	$L^4 4L^2$	有1个 L^4 或 L_i^4
		$4mm$	$4mm$	C_{4v}	$L^4 4P$	
		$\bar{4}2m$	$\bar{4}2m$	$D_{2d}=V_d$	$L_i^4 2L^2 2P$	
		$4/mmm$	$\dfrac{4}{m}\dfrac{2}{m}\dfrac{2}{m}$	D_{4h}	$L^4 4L^2 5PC$	
	三方	3	3	C_3	L^3	
		$\bar{3}$	$\bar{3}$	$C_{3i}=S_6$	L^3C	
		32	32	D_3	$L^3 3L^2$	有1个 L^3
		$3m$	$3m$	C_{3v}	$L^3 3P$	
		$\bar{3}m$	$\bar{3}\dfrac{2}{m}$	D_{3d}	$L^3 3L^2 3PC$	
	六方	6	6	C_6	L^6	
		$\bar{6}$	$\bar{6}$	C_{3h}	L_i^6	
		$6/m$	$6/m$	D_{6h}	L^6PC	
		622	622	D_6	$L^6 6L^2$	有1个 L^6 或 L_i^6
		$6mm$	$6mm$	C_{6v}	$L^6 6P$	
		$\bar{6}2m$	$\bar{6}2m$	D_{3h}	$L_i^6 3L^2 3P$	
		$6/mmm$	$\dfrac{6}{m}\dfrac{2}{m}\dfrac{2}{m}$	D_{6d}	$L^6 6L^2 7PC$	
	八方	8	8	C_8	L^8	
		$\bar{8}$	$\bar{8}$	S_8	L_i^8	
		$8/m$	$8/m$	C_{8h}	L^8PC	
		822	822	D_8	$L^8 8L^2$	有1个 L^8 或 L_i^8
		$8mm$	$8mm$	C_{8v}	$L^8 8P$	
		$\bar{8}2m$	$\bar{8}2m$	D_{4d}	$L_i^8 4L^2 4P$	
		$8/mmm$	$\dfrac{8}{m}\dfrac{2}{m}\dfrac{2}{m}$	D_{8h}	$L^8 8L^2 9PC$	
	十二方	12	12	C_{12}	L^{12}	
		$\bar{12}$	$\bar{12}$	S_{12}	L_i^{12}	
		$12/m$	$12/m$	C_{12h}	$L^{12}PC$	
		12 22	12 22	D_{12}	$L^{12} 12L^2$	有1个 L^{12} 或 L_i^{12}
		$12mm$	$12mm$	C_{12v}	$L^{12} 12P$	
		$\bar{12}2m$	$\bar{12}2m$	D_{6d}	$L_i^{12} 6L^2 6P$	
		$12/mmm$	$\dfrac{12}{m}\dfrac{2}{m}\dfrac{2}{m}$	D_{12h}	$L^{12} 12L^2 13PC$	

续表

| 晶族 | 晶系 | 点群符号 | | | 对称型种类 | 对称特点 |
| | | 国际符号 | | Schoenflies 符号 | | |
		简略	完全			
中级晶族　仅有1个高次轴	五方	5	5	C_5	L^5	有1个 L^5 或 L_i^5
		$\bar{5}$	$\bar{5}$	$C_{5i}=S_{10}$	$L^5 5L^2$	
		52	52	D_5	$L^5 5P$	
		$5m$	$5m$	C_{5v}	$L^5 C$	
		$\bar{5}m$	$\bar{5}\dfrac{2}{m}$	D_{5d}	$L^5 5L^2 5PC$	
	十方	10	10	C_{10}	L^{10}	有1个 L^{10} 或 L_i^{10}
		$\overline{10}$	$\overline{10}$	C_{5h}	L_i^{10}	
		$10/m$	$10/m$	C_{10h}	$L^{10} PC$	
		10 22	10 22	D_{10}	$L^{10} 10L^2$	
		$10mm$	$10mm$	C_{10v}	$L^{10} 10P$	
		$\overline{10}2m$	$\overline{10}2m$	D_{5h}	$L_i^{10} 5L^2 5P$	
		$10/mmm$	$\dfrac{10}{m}\dfrac{2}{m}\dfrac{2}{m}$	D_{10h}	$L^{10} 10L^2 11PC$	
高级晶族　有数个高次轴	等轴	23	23	T	$3L^2 4L^3$	有4个 L^3
		$m\bar{3}$	$\dfrac{2}{m}\bar{3}$	T_h	$3L^2 4L^3 3PC$	
		432	432	O	$3L^4 4L^3 6L^2$	
		$\bar{4}3m$	$\bar{4}3m$	T_d	$3L_i^4 4L^3 6P$	
		$m\bar{3}m$	$\dfrac{4}{m}\bar{3}\dfrac{2}{m}$	O_h	$3L^4 4L^3 6L^2 9PC$	
	二十面体	235	235	I	$6L^5 10L^3 15L^2$	有6个 L^5、10个 L^3、15个 L^2
		$m\bar{3}\bar{5}$	$\dfrac{2}{m}\bar{3}\bar{5}$	I_h	$6L^5 10L^3 15L^2 15PC$	

5.4　晶体学和准晶体学中群的极赤投影图

在结晶学界最具权威的工具书《国际晶体学表》中给出了 32 个晶体学点群的极赤投影图,其中包括等效系的配置图和对称元素的极赤投影图。图 5.1 就是将这两种图重叠绘制出的晶体学 32 个点群的极赤投影图。

仿照图 5.1 中晶体的四方、三角和六角晶系的极赤投影图,在图 5.2 中绘出了准晶体的八角、十二角、五角和十角晶系共 26 个点群的极赤投影图。另外,在《国际晶体学表》中还给出了准晶体的二十面体两个点群的极赤投影图,在此一并绘入图 5.2。在图 5.2 中,准晶体学点群的序号是在晶体学 32 个点群的序号之后,由 33 号到 60 号,共 28 个点群。

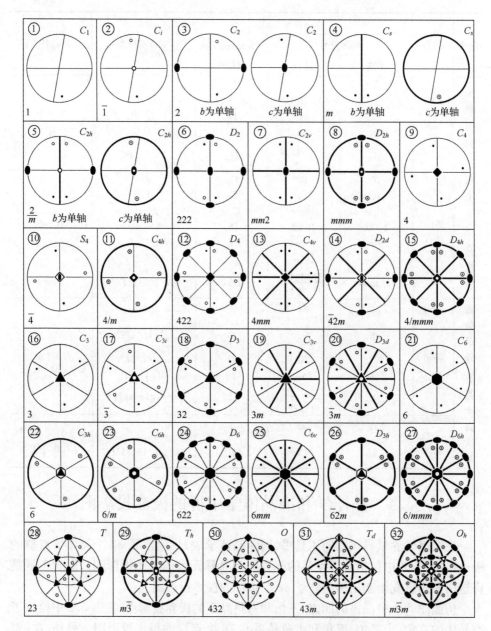

图 5.1　晶体学 32 个点群的极赤投影图

每格图的上方标有点群序号和 Schoenflies 符号,下方标有国际完全符号

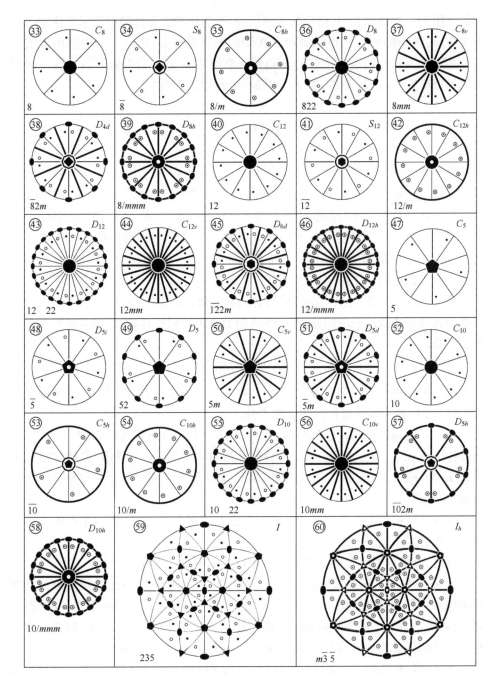

图 5.2 准晶体学 28 个点群的极赤投影图

每格图的上方标有点群序号和 Schoenflies 符号,下方标有国际完全符号在图 5.1 及图 5.2 中,用粗线表示反映面;用小的实心椭圆形表示 2 次轴的极赤投影点;用小的实心 n 边形表示 n 次轴的极赤投影点;用空心 n 边形内嵌实心 $n/2$ 边形(n 为偶数时),或用实心 n 边形内嵌空心圆点(n 为奇数时),表示 n 次倒反轴的极赤投影点;若有倒反中心,则圆心处有空心圆点"○"。

5.5　晶体、准晶体对称性的基本规律

准晶体不属于非晶体,它具有长程有序结构;但它又不是归属于 32 种晶体学点群的周期平移有序结构,它平移时满足黄金分割 $\tau[\tau=(\sqrt{5}+1)/2]$ 的比例关系。除了这种具有 5 次对称轴的二十面体相的 3 维准晶外,又先后在众多的合金中发现沿一个方向呈周期分布,而围绕沿周期排列方向的旋转轴分别具有 5 次、8 次、10 次和 12 次旋转对称性的 2 维准晶。还发现沿一个方向是准周期排列,而与该方向垂直的平面是 2 维周期结构的 1 维准晶。

30 年来,准晶的研究一直很热门,有的学者研究准晶材料;有的学者研究准晶点阵的构造方法或准晶的结构;有的学者研究准晶的对称性;有的学者研究准晶的物理性质。

科学家用数学理论证明准晶同样具有准格点约束,在实二次域[对于整数最高开方次数为二次的无理数的集合,如 $\sqrt{2}$、$\sqrt{3}/2$、$\tau=(\sqrt{5}+1)/2)$ 等]上只可能存在 5、8、10、12 次四种旋转对称性的准格点阵。

可以证明,晶体中有三斜、单斜、正交、三方、四方、六方及等轴,共有 7 种晶系;准晶体中有五方、八方、十方、十二方及二十面体晶系,共 5 种晶系;晶体与准晶体中共 12 种晶系。晶体中有 32 个点群,准晶体中有 28 个点群;晶体与准晶体中共有 60 个点群。

在表 5.3 中将晶体和准晶体合在一起进行了新的分类,晶体学原有的 7 个晶系、32 个点群,扩充为 12 个晶系、60 个点群。

晶体、准晶体对称性的基本规律可概括为如下几个方面:

① 固体物质结构按其特点可分为有序结构和无序结构,有序结构又分为周期结构(晶体)和无公度结构。无公度结构还可进一步分为周期调幅结构、准周期调幅结构(统计意义上的无规自相似性准周期调幅结构)和准周期结构(数学上严格有规自相似性准周期结构)。准晶体具有新的对称型(点群)和单形。

② 晶体、准晶体可分为低级晶族(无高次对称轴)、中级晶族(仅有 1 个高次对称轴)和高级晶族(有数个高次对称轴)。在现有的晶族中,与以前的晶族相比较,新增加的晶系有 5 种,其中在中级晶族中新增加 4 个晶系,即五方晶系、八方晶系、十方晶系、十二方晶系,高级晶族中新增加 1 个晶系,即二十面体晶系。

③ 中级晶族中除了晶体学中原有高次对称轴 L^3, L^4, L_i^4, L^6, L_i^6 外, 还有与准晶体有关的高次对称轴 L^5, L_i^5, L^8, L_i^8, L^{10}, L_i^{10}, L^{12}, L_i^{12}。高级晶族中, 除了等轴晶系中有 4 个 L^3 外, 新的二十面体晶系中还有 10 个 L^3。与以前相比, 对称特点也增加了新内容。

④ 晶体、准晶体中共有 60 种对称型(点群)。晶体原有 32 种对称型(点群), 新增加准晶体的 28 种新对称型(点群)。

⑤ 晶体、准晶体中共有 89 种单形。晶体中原有 47 种单形, 除掉重复单形外, 由准晶体新产生的新单形有 42 种。

⑥ 考虑到晶体、准晶体中对称轴的有限性而不会再出现新的对称轴, 所以可以认为晶体、准晶体中再不会出现新的对称型(点群)和单形。

⑦ 晶体、准晶体对称轴的关系可用 $\sqrt{2^k}$ 来表示。其中 $k = 0, 2, 4, 6, 8, 10, 12$, k 与对称轴次相关, 具有偶次性。同时可以看到 k 的最大值为 12, 具有有限性。用 $360°/n$(n 为轴次), 可以得到晶体、准晶体学中基转角为整数度。

⑧ 晶体、准晶体结构都具有平移周期对称性。晶体具有周期平移、周期调幅平移对称性; 而准晶体具有准周期平移、准周期调幅平移对称性和多重分数维特征。

第6章 晶体与准晶体中点群的母子群关系
（60个点群的家谱）

6.1 群论在晶体学与准晶体学中的应用

除了具有5次对称轴的二十面体3维准晶外，先后又发现了2维准晶、1维准晶。2维准晶沿一个方向呈周期分布，而围绕沿周期排列方向分别具有5、8、10和12次旋转对称轴。1维准晶沿一个方向是准周期排列，而与该方向垂直的平面是2维周期结构。

陆洪文和费奔用纯数学理论证明了在实二次域上只可能存在5、8、10、12次四种旋转对称性的准格点阵。陈敬中等将晶体和准晶体合在一起进行了新的分类，把晶体学原有的7个晶系、32个点群、47种单形，扩充为12个晶系（增加了属于准晶系列的5个晶系——五方、八方、十方、十二方和二十面体晶系）、60个点群、89种单形。

群论是研究系统对称性的十分有效的数学工具，广泛应用于固体物理、结构化学、材料科学以及矿物学等学科领域。

在一个点群G中添加对称性，可构成G的一个母群；而在点群G中撤去某种对称性，其对称性降为G的一个子群。因此研究晶体学和准晶体学各点群之间的母子群关系，对于深入研究各种准晶体的结构及相变趋势有指导性的作用。

可用最小母群和最大子群链的形式来表示各点群之间的母子群关系。在结晶学界最具权威性的《国际晶体学表》第一至五版中（1983～2002年），都给出了3维晶体学点群之间的母子群关系（32个点群的"家谱"）。叶笑蓉等用群元之间的关系和群论的数学定义也推导出32个晶体学点群间的母子群关系。

2006年，龙光芝、陈瀛、陈敬中以群论数学为基础推导并绘制出了晶体和准晶体中的点群，以及晶体和准晶体中点群之间的母子群关系（60个点群的"家谱"）。该"家谱"以最大子群链的图解形式直观地给出了每个点群的最小母群和最大子群。

依据群论，可以得出准晶体学点群的直积或半直积推导算式；依据结晶学理论能够绘出五方、八方、十方、十二方和二十面体晶系中各点群的极赤投影图。据此推导出每一个准晶体学点群的全部最大子群，详见中国地质大学龙光芝（导师陈敬中）《准晶体学点群的对称性及其母子群关系链》的博士论文。

6.2　群论基础

6.2.1　群的定义及概念

(1) 定义

有限或无限个数学对象(称为元或元素) a、b、c ··· 的集合 $\{a,b,c,\cdots\}$,其中有一个与次序有关的结合方法(称为群的乘法),能从集合中任取两个元 a、b 得出确定的元 c(记为 $ab = c$),若能满足下列四个条件,则这个集合称为群,用 G 表示,集合中的元称为群元。

① 封闭性:集合中任意两个元的乘积(包括自身相乘)都在此集合之内;

② 结合律成立: $a(bc) = (ab)c$;

③ 单位元存在:集合中存在单位元 e,使集合中的任意元 a 有 $ea = ae = a$;

④ 集合中每一个元 a 有逆元 a^{-1} 存在,满足 $a^{-1}a = aa^{-1} = e$。

(2) 群的基本概念

① 群的阶:若一个群内互不相同的群元的个数有限,则称为有限群,否则就是无限群。有限群中互不相同的群元的个数称为该群的阶。

② 群的乘法:群的乘法是将集合中的任意两个群元构成唯一的另一个群元的一种结合方法,因此,群乘不一定满足交换律,即 $\forall a_i, a_j \in G, a_i a_j = a_j a_i$ 不一定成立。如果上式成立,则这个群就称为交换群或阿贝尔群。

③ 生成元:由群 G 的一个最小的群元的集合(如 $c, d\cdots$)及其乘法关系,就可以构造出一个群。这个最小的群元的集合中的元就称为群 G 的生成元,它们之间的乘法关系称为生成关系。群的生成元的选择不是唯一的,同一个群可以取各种不同的生成元。

④ 循环群:仅有一个生成元的群称为循环群,即循环群的所有群元可以由群中某一个群元的幂来产生。显然,循环群都是交换群(阿贝尔群)。

(3) 常见的群

作为纯数学的群,群元可以是任何客体,群乘也可以任意规定。

① 全部整数的集合,群乘为代数的加法。该集合构成了一个群。另外,由于整数的个数为无穷,加法还满足交换律,因此,该集合构成的是无限的阿贝尔(交换)群。

② 满足行列式 $\det A \neq 0$ 的全部 $n \times n$ 矩阵的集合,取矩阵乘法(矩阵乘法并不一定满足交换律)为群乘,则该集合构成群。

满足行列式 $detA = \pm 1$ 的全部 $n \times n$ 矩阵的集合构成群。

满足行列式 $detA = 1$ 的全部 $n \times n$ 矩阵的集合构成群。

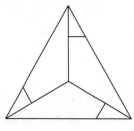

图 6.1　3 次对称图

③ 由对称操作的集合构成的群称作对称群,相继的两个操作定义为群乘,即 ab 定义为先进行 b 操作,接着进行 a 操作。

图 6.1 所对应的点对称操作的集合构成的点群分别是 $3 = \{1, 3^+, 3^-\}$。其中,3^+(或 3^-)是绕过图形重心且垂直于图平面的转轴逆(或顺)时针旋转 $120°$ 的旋转操作。

在晶体学中,常见的群是对称群(包括点群及空间群)和线性变换矩阵群。

(4) 同构群

有两个群 $G = \{a, b, c, \cdots\}$ 及 $G' = \{a', b', c', \cdots\}$,如果它们的群元之间存在一一对应关系,即 $a \leftrightarrow a', b \leftrightarrow b' \cdots$ 在各自群的乘法的定义之下,若 $ab = c$ 时,有 $a'b' = c'$ 对一切群元成立,则这两个群是同构群。

在某一个特定的坐标系中,每一个对称操作,都与一个线性变换矩阵一一对应,因此,点群和与之相对应的线性变换矩阵群同构。

互相同构的群,它们群的性质完全相同。互相同构的有限群,它们的阶必然相同,且具有相同的乘法表。

6.2.2　共轭元和类

(1) 共轭元

若群 G 中存在一个群元 x,使得群中的群元 a、b 满足 $b = xax^{-1}$,则称 b 与 a 共轭。

对于对称操作群而言,共轭元就是相似操作。对于矩阵群而言,共轭元就是相似矩阵。互为相似的矩阵之间有两个不变量:行列式 $det(W)$ 与迹 $tr(W)$(主对角线上矩阵元之和)。由此可以证明,点操作矩阵的行列式 $det(W)$ 与迹 $tr(W)$ 都不随坐标系的选取而变。

(2) 类群

G 中相互共轭的群元的集合称为 G 的一个共轭类,简称类。类的一些性质如下:

① 单位元自成一类;

② 群中没有任何一个群元是属于两个不同的类的,即不同的类中没有共同的

群元;

③ 交换群(阿贝尔群)每个群元自成一类;

④ 对于含有转动操作的群,转角相同而转轴可由群中的群元转成一致的,属同一类;

⑤ 对于矩阵群,同一类中的各群元互为相似矩阵,因此,同类中各群元具有相同的行列式 $\det(W)$ 和相同的迹 $\mathrm{tr}(W)$。

6.2.3　子群

(1) 子群与母群

群 G 的子集 H,若在相同的群乘定义下,也满足群的四个条件,则 H 称作 G 的子群,而 G 则称作 H 的母群。

不含单位元的子集肯定不是子群。

若群 G 的阶为 q,子群 H 的阶为 r,则两者的比值 $d = q/r$ 称为子群 H 的指数。

群 G 中任何一个群元 g 的幂次的集合构成 G 的子群,是循环子群。

任何群都有两个平庸的子群:单位元和整个群,但通常不把它们计入子群之列。

阶数为质数(素数)的群不存在非平庸子群。

(2) 共轭子群

设 H 为群 G 的一个子群,g 为 G 中的一个群元,h 为子群 H 的群元,则集合 $gHg^{-1} = \{ghg^{-1} \mid h$ 遍取 $H\}$ 也构成 G 的子群,称为 G 的与 H 共轭的子群。

(3) 不变子群

设 H 为群 G 的一个子群,若对于 G 中的任何群元 g 都有 $gHg^{-1} = H$,则称 H 为 G 的一个不变子群,或正规子群,或自共轭子群。

交换群(阿贝尔群)的所有子群都是不变子群。指数为 2 的子群一定是不变子群。

6.2.4　直积群与半直积群

(1) 直积群

有两个群 $H = \{e, h_2, h_3, \cdots, h_r\}$ 和 $P = \{e, p_2, p_3, \cdots, p_s\}$,它们的阶分别为 r 和 s,若它们满足下列要求:

① H、P 除了单位元以外没有共同的群元;

② H 与 P 的元互相相乘时遵从交换律：$h_i p_j = p_j h_i$。则

a) 群 H 中任一群元 h_i 与群 P 中任一群元 p_j 的乘积的集合 $G = \{h_i p_j\} = \{p_j h_i\}$ 构成一个群，称群 G 是群 H 与 P 的直积群，记作 $G = H \otimes P = P \otimes H$；

b) 直积群 G 的阶 q 为 H 与 P 的阶的乘积：$q = rs$；

c) 群 H 与 P 都是直积群 G 的不变子群，直积群 G 是群 H 和 P 的母群。

(2) 半直积群

有两个群 $H = \{e, h_2, h_3 \cdots h_r\}$ 和 $P = \{e, p_2, p_3 \cdots p_s\}$，它们的阶分别为 r 和 s，若它们满足下列要求：a) H、P 除了单位元以外没有共同的群元；b) 在群 P 中任一群元 p_i 的作用下，群 H 是不变的：$p_i H p_i^{-1} = H$。则

① 群 H 中任一群元 h_i 与群 P 中任一群元 p_j 的乘积的集合 $G = \{h_i p_j\}$ 构成一个群，称群 G 是群 H 与 P 的半直积群，记作 $G = H \wedge P$；

② 半直积群 G 的阶 q 为 H 与 P 的阶的乘积：$q = rs$；

③ 群 H 是半直积群 G 的不变子群。半直积群 G 是群 H 和 P 的母群。

6.3　十二方晶系各点群的最大子群的推导

6.3.1　十二方晶系内各点群的构成及母子群关系

十二方晶系共有 7 个点群。其中最小的是两个 12 阶的循环群 12 和 $\overline{12}$，循环群 12 可由生成元 12^+ 进行连续操作而得到，循环群 $\overline{12}$ 则可由生成元 $\overline{12}^+$ 进行连续操作而得到。24 阶点群 $12/m$ 可由 12 阶点群 12 或 $\overline{12}$ 分别与 2 阶点群 $\overline{1} = \{1, 1-\}$ 作直积而得到。由于母子群的阶数比为 $24/12 = 2$，因此点群 $12/m$ 是点群 12 和 $\overline{12}$ 的最小母群，点群 12 和 $\overline{12}$ 是点群 $12/m$ 的指数为 2 的最大不变（正规）子群。其余的 3 个 24 阶点群可由 12 阶点群 12 和 $\overline{12}$ 分别与 2 阶点群 $2_0 = \{1, 2_0\}$ 及 $m_0 = \{1, m_0\}$ 作半直积而得到。最大的一个 48 阶点群 $\dfrac{12}{m}\dfrac{2}{m}\dfrac{2}{m}$，可由这 4 个 24 阶点群分别与 2 阶点群 $\overline{1}$、2_0 及 m_0 作直积或半直积而得到。为了更清楚地反映十二角晶系内各点群间的母子群关系，在表 6.1 中列出了十二方晶系各点群的所有群元、阶数、推导算式及在十二角晶系内的最大子群（均为指数为 2 的不变子群）。

为了更形象地反映点群的对称性，也为了便于最大子群链的推导，根据表 6.1，仿照四方晶系的极赤投影图，绘出了十二方晶系 7 个点群的极赤投影图，如图 6.2 所示。

表 6.1　十二方晶系内各点群的构成及母子群关系

点群	群元(对称操作)	阶数	推导算式	最大子群均为不变子群
12	1, 12^+, 12^-, 6^+, 6^-, 4^+, 4^-, 3^+, 3^-, 12^{+5}, 12^{-5}, 2_Z	12		
$\overline{12}$	1, $\overline{12}^+$, $\overline{12}^-$, 6^+, 6^-, $\overline{4}^+$, $\overline{4}^-$, 3^+, 3^-, $\overline{12}^{+5}$, $\overline{12}^{-5}$, 2_Z	12		
$\dfrac{12}{m}$	1, 12^+, 12^-, 6^+, 6^-, 4^+, 4^-, 3^+, 3^-, 12^{+5}, 12^{-5}, 2_Z, $\overline{1}$, $\overline{12}^+$, $\overline{12}^-$, $\overline{6}^+$, $\overline{6}^-$, $\overline{4}^+$, $\overline{4}^-$, $\overline{3}^+$, $\overline{3}^-$, $\overline{12}^{+5}$, $\overline{12}^{-5}$, m_Z	24	$12\otimes\overline{1}$, $\overline{12}\otimes\overline{1}$	12, $\overline{12}$
$12\,22$	1, 12^+, 12^-, 6^+, 6^-, 4^+, 4^-, 3^+, 3^-, 12^{+5}, 12^{-5}, 2_Z, 2_0, $2_{\pi/6}$, $2_{\pi/3}$, $2_{\pi/2}$, $2_{2\pi/3}$, $2_{5\pi/6}$, $2_{\pi/12}$, $2_{\pi/4}$, $2_{5\pi/12}$, $2_{7\pi/12}$, $2_{3\pi/4}$, $2_{11\pi/12}$	24	$12\wedge 2_0$	12
$12mm$	1, 12^+, 12^-, 6^+, 6^-, 4^+, 4^-, 3^+, 3^-, 12^{+5}, 12^{-5}, 2_Z, m_0, $m_{\pi/6}$, $m_{\pi/3}$, $m_{\pi/2}$, $m_{2\pi/3}$, $m_{5\pi/6}$, $m_{\pi/12}$, $m_{\pi/4}$, $m_{5\pi/12}$, $m_{7\pi/12}$, $m_{3\pi/4}$, $m_{11\pi/12}$	24	$12\wedge m_0$	12
$\overline{12}2m$	1, $\overline{12}^+$, $\overline{12}^-$, 6^+, 6^-, $\overline{4}^+$, $\overline{4}^-$, 3^+, 3^-, $\overline{12}^{+5}$, $\overline{12}^{-5}$, 2_Z, 2_0, $2_{\pi/6}$, $2_{\pi/3}$, $2_{\pi/2}$, $2_{2\pi/3}$, $2_{5\pi/6}$, $m_{\pi/12}$, $m_{\pi/4}$, $m_{5\pi/12}$, $m_{7\pi/12}$, $m_{3\pi/4}$, $m_{11\pi/12}$	24	$\overline{12}\wedge 2_0$	$\overline{12}$
$\dfrac{12}{m}\dfrac{2}{m}\dfrac{2}{m}$	1, 12^+, 12^-, 6^+, 6^-, 4^+, 4^-, 3^+, 3^-, 12^{+5}, 12^{-5}, 2_Z, 2_0, $2_{\pi/6}$, $2_{\pi/3}$, $2_{\pi/2}$, $2_{2\pi/3}$, $2_{5\pi/6}$, $2_{\pi/12}$, $2_{\pi/4}$, $2_{5\pi/12}$, $2_{7\pi/12}$, $2_{3\pi/4}$, $2_{11\pi/12}$, $\overline{1}$, $\overline{12}^+$, $\overline{12}^-$, $\overline{6}^+$, $\overline{6}^-$ $\overline{4}^+$, $\overline{4}^-$, $\overline{3}^+$, $\overline{3}^-$, $\overline{12}^{+5}$, $\overline{12}^{-5}$, m_Z, m_0, $m_{\pi/6}$, $m_{\pi/3}$, $m_{\pi/2}$, $m_{2\pi/3}$, $m_{5\pi/6}$, $m_{\pi/12}$, $m_{\pi/4}$, $m_{5\pi/12}$, $m_{7\pi/12}$, $m_{3\pi/4}$, $m_{11\pi/12}$	48	$12/m\wedge 2_0$, $12/m\wedge m_0$, $12\,22\otimes\overline{1}$, $12\,22\wedge m_0$, $12mm\otimes\overline{1}$, $12mm\wedge 2_0$, $\overline{12}2m\otimes\overline{1}$, $\overline{12}2m\wedge m_0$	$12/m$, 1222, $12mm$, $\overline{12}\,2m$(双)

注：表 6.1 中，"$\otimes$"为点群的直积符号，"$\wedge$"为点群的半直积符号，各 2 阶点群的全元形式为 $\overline{1}=\{1,\overline{1}\}$，$2_0=\{1,2_0\}$，$m_0=\{1,m_0\}$。群元中，各 $n(n>2)$ 次转轴和 2 次转轴 2_Z 沿 Z 轴(垂直于纸面)。其余 2 次轴均垂直于 Z 轴，与 X 轴的夹角由下标给出。反映面 m_Z 的法线沿 Z 轴. 其余反映面的法线均垂直于 Z 轴，与 X 轴的夹角由下标给出。

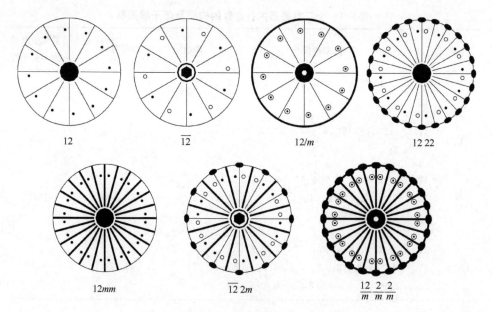

$$12 \qquad \overline{12} \qquad 12/m \qquad 12\,22$$

$$12mm \qquad \overline{12}\,2m \qquad \frac{12}{m}\frac{2}{m}\frac{2}{m}$$

图 6.2　十二方晶系各点群的极赤投影图

表 6.1 中右下角的"$\overline{12}2m$（双）"表示，当由点群 $\dfrac{12}{m}\dfrac{2}{m}\dfrac{2}{m}$ 去掉不同的对称操作时，能够得到两组点群符号都是 $\overline{12}2m$，但对称操作元素空间取向不全同的最大子群。其中之一的极赤投影图已由图 6.2 给出，另一个的极赤投影图见图 6.3。

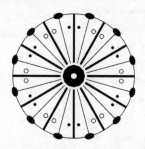

图 6.3　点群 $\overline{12}2m$ 的另一取向的极赤投影图

6.3.2　十二方晶系各点群在六方和四方晶系中的最大子群

由于 12 具有 2 和 3 这两个质因数，而 $12 \div 2 = 6$，$12 \div 3 = 4$，因此十二方晶系各点群均会存在属于六方和四方晶系的最大子群。具体的关联方式需要通过大量的推导才能得到。

例如，对于点群 12 22 而言，由表 6.3 及图 6.2 中点群 12 22 的极赤投影图可以看出，当 12 次轴退化为 6 次轴时，通过删去不同的 2 次轴，可以得到对称元素不全同,图 6.4 给出了点群符号均为 622 的两个子群的极赤投影图。由于 A_1 和 A_2 是点群 12 22 的指数为 2 的子群,因此当然也是最大不变(正规)子群。

$$A_1 = (622)_1 = \{1, 6^+, 3^+, 2_Z, 3^-, 6^-, 2_0, 2_{\pi/6}, 2_{\pi/3}, 2_{\pi/2}, 2_{2\pi/3}, 2_{5\pi/6}\}$$

$$A_2 = (622)_2 = \{1, 6^+, 3^+, 2_Z, 3^-, 6^-, 2_{\pi/12}, 2_{\pi/4}, 2_{5\pi/12}, 2_{7\pi/12}, 2_{3\pi/4}, 2_{11\pi/12}\}$$

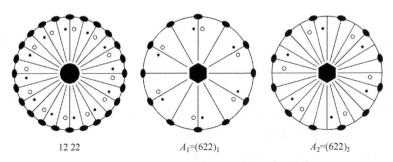

图 6.4　点群 12 22 退化为两个空间取向不同的最大不变子群 622 的极赤投影图

当点群 12 22 的 12 次轴退化为 4 次轴时,通过删去不同的 2 次轴,可以得到对称元素不全同,而点群符号均为 422 的三个子群

$$B_1 = (422)_1 = \{1, 4^+, 2_Z, 4^-, 2_0, 2_{\pi/4}, 2_{\pi/2}, 2_{3\pi/4}\}$$

$$B_2 = (422)_2 = \{1, 4^+, 2_Z, 4^-, 2_{\pi/6}, 2_{5\pi/12}, 2_{2\pi/3}, 2_{11\pi/12}\}$$

$$B_3 = (422)_3 = \{1, 4^+, 2_Z, 4^-, 2_{\pi/3}, 2_{7\pi/12}, 2_{5\pi/6}, 2_{\pi/12}\}$$

图 6.5 给出了它们的极赤投影图。

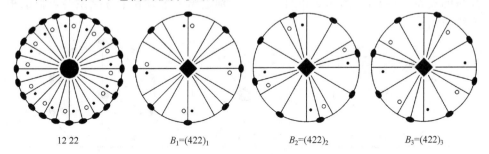

图 6.5　点群 12 22 退化为三个空间取向不同的相互共轭的最大子群 422 的极赤投影图

运用群的群乘运算规则,再利用图 6.2 中点群 12 22 的极赤投影图进行连续操作,可得

$$12^+ B_1 12^- = 12^+ \{1, 4^+, 2_Z, 4^-, 2_0, 2_{\pi/4}, 2_{\pi/2}, 2_{3\pi/4}\} 12^-$$
$$= \{1, 4^+, 2_Z, 4^-, 2_{\pi/6}, 2_{5\pi/12}, 2_{2\pi/3}, 2_{11\pi/12}\} = B_2$$
$$6^+ B_1 6^- = 6^+ \{1, 4^+, 2_Z, 4^-, 2_0, 2_{\pi/4}, 2_{\pi/2}, 2_{3\pi/4}\} 6^-$$
$$= \{1, 4^+, 2_Z, 4^-, 2_{\pi/3}, 2_{7\pi/12}, 2_{5\pi/6}, 2_{\pi/12}\} = B_3$$

由于子群指数为 3,是质数,因此 B_1、B_2 与 B_3 是点群 12 22 的一组相互共轭的最大子群。

同理可以推导出十二方晶系中其他各点群所具有的六方和四方晶系中的最大子群,即

点群 $\frac{12}{m}\frac{2}{m}\frac{2}{m}$ 有两个最大不变子群 $\frac{6}{m}\frac{2}{m}\frac{2}{m}$,有一组相互共轭的最大子群 $\frac{4}{m}\frac{2}{m}\frac{2}{m}$;

点群 12/m 有一个指数为 2 的最大不变子群 6/m,和一个指数为 3 的最大不变子群 4/m;

点群 $\overline{12}2m$ 有最大不变子群 622 和 6mm 各一个,有一组相互共轭的最大子群 $\overline{4}2m$;

点群 12mm 有两个最大不变子群 6mm,有一组相互共轭的最大子群 4mm;

点群 12 有最大不变子群 6 和 4 各一个;

点群 $\overline{12}$ 有最大不变子群 6 和 $\overline{4}$ 各一个。

6.4　五方和十方晶系各点群的最大子群

6.4.1　五方和十方晶系内各点群的构成及母子群关系

五方晶系共有 5 个点群,十方晶系共有 7 个点群,由于 5 是 10 的最大约数(除 10 自身外),因此五方和十方晶系各点群之间有着密切的联系。仿照三方和六方晶系的极赤投影图,在图 6.6 和图 6.7 中分别绘出了五方和十方晶系各点群的极赤投影图。

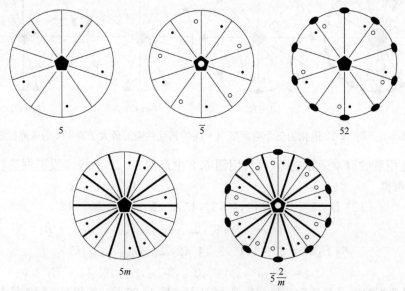

图 6.6　五方晶系各点群的极赤投影图

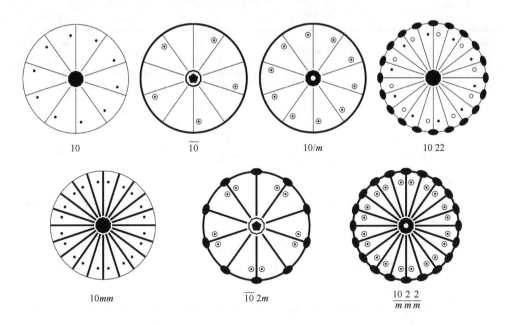

图 6.7　十方晶系各点群的极赤投影图

表 6.2 中列出了五方和十方晶系各点群的所有群元、阶数、推导算式及在五方和十方晶系内的最大子群（均为指数为 2 的不变子群）。

表 6.2　五方和十方晶系内各点群的构成及母子群关系

晶系	点群	群元（对称操作）	阶数	推导算式	最大子群均为不变子群
五方	5	$1,5^+,5^-,5^{+2},5^{-2}$	5		
	$\bar{5}$	$1,5^+,5^-,5^{+2},5^{-2},\bar{1},\bar{5}^+,\bar{5}^-,\bar{5}^{+2},\bar{5}^{-2}$	10	$5\otimes\bar{1}$	5
	52	$1,5^+,5^-,5^{+2},5^{-2},2_0,2_{\pi/5},2_{2\pi/5},2_{3\pi/5},2_{4\pi/5}$	10	$5\wedge 2_0$	5
	5m	$1,5^+,5^-,5^{+2},5^{-2},m_0,m_{\pi/5},m_{2\pi/5},m_{3\pi/5},m_{4\pi/5}$	10	$5\wedge m_0$	5
	$\bar{5}\dfrac{2}{m}$	$1,5^+,5^-,5^{+2},5^{-2},\bar{1},\bar{5}^+,\bar{5}^-,\bar{5}^{+2},\bar{5}^{-2},$ $2_0,\ 2_{\pi/5},\ 2_{2\pi/5},\ 2_{3\pi/5},\ 2_{4\pi/5},\ m_0,\ m_{\pi/5},\ m_{2\pi/5},$ $m_{3\pi/5},\ m_{4\pi/5}$	20	$\bar{5}\wedge 2_0,\ 52\otimes\bar{1},\ 5m\otimes\bar{1}$	$\bar{5},52,5m$

续表

晶系	点群	群元(对称操作)	阶数	推导算式	最大子群均为不变子群
十方	10	$1,10^+,10^-,5^+,5^-,10^{+3},10^{-3},5^{+2},5^{-2},2_Z,$	10	$5\otimes 2_Z$	5
	$\overline{10}$	$1,\overline{10}^+,\overline{10}^-,5^+,5^-,\overline{10}^{+3},\overline{10}^{-3},5^{+2},5^{-2},m_Z$	10	$5\otimes m_Z$	5
	$10/m$	$1,10^+,10^-,5^+,5^-,10^{+3},10^{-3},5^{+2},5^{-2},2_Z,$ $\overline{1},\overline{10}^+,\overline{10}^-,\overline{5}^+,\overline{5}^-,\overline{10}^{+3},\overline{10}^{-3},\overline{5}^{+2},\overline{5}^{-2},m_Z$	20	$10\otimes\overline{1},\overline{10}\otimes\overline{1},5\wedge m_Z$	$10,\overline{10},5$
	10 22	$1,10^+,10^-,5^+,5^-,10^{+3},10^{-3},5^{+2},5^{-2},2_Z,$ $2_0,2_{\pi/5},2_{2\pi/5},2_{3\pi/5},2_{4\pi/5},2_{\pi/10},2_{3\pi/10},2_{\pi/2},$ $2_{7\pi/10},2_{9\pi/10}$	20	$10\wedge 2_0,52\otimes 2_Z$	$10,52(双)$
	10mm	$1,10^+,10^-,5^+,5^-,10^{+3},10^{-3},5^{+2},5^{-2},2_Z,$ $m_0,m_{\pi/5},m_{2\pi/5},m_{3\pi/5},m_{4\pi/5},m_{\pi/10},m_{3\pi/10},$ $m_{\pi/2},m_{7\pi/10},m_{9\pi/10}$	20	$10\wedge m_0,5m\otimes 2_Z$	$10,5m(双)$
	$\overline{10}2m$	$1,\overline{10}^+,\overline{10}^-,5^+,5^-,\overline{10}^{+3},\overline{10}^{-3},5^{+2},$ $5^{-2},m_Z,$ $2_0,2_{\pi/5},2_{2\pi/5},2_{3\pi/5},2_{4\pi/5},m_{\pi/10},m_{3\pi/10},m_{\pi/2},$ $m_{7\pi/10},m_{9\pi/10}$	20	$\overline{10}\wedge 2_0,52\otimes m_Z,$ $5m\otimes m_Z$	$\overline{10},52,5m$
	$\dfrac{10}{m}\dfrac{2}{m}\dfrac{2}{m}$	$1,10^+,10^-,5^+,5^-,10^{+3},10^{-3},5^{+2},5^{-2},2_Z,$ $\overline{1},\overline{10}^+,\overline{10}^-,\overline{5}^+,\overline{5}^-,\overline{10}^{+3},\overline{10}^{-3},\overline{5}^{+2},$ $\overline{5}^{-2},m_Z,$ $2_0,2_{\pi/5},2_{2\pi/5},2_{3\pi/5},2_{4\pi/5},2_{\pi/10},2_{3\pi/10},2_{\pi/2},$ $2_{7\pi/10},2_{9\pi/10},$ $m_0,m_{\pi/5},m_{2\pi/5},m_{3\pi/5},m_{4\pi/5},m_{\pi/10},m_{3\pi/10},m_{\pi/2},$ $m_{7\pi/10},m_{9\pi/10}$	40	$10/m\wedge 2_0,10/m\wedge m_0,$ $10\,22\otimes\overline{1},10\,22\wedge m_0,$ $10mm\otimes\overline{1},10mm\wedge 2_0,$ $\overline{10}2m\otimes\overline{1},\overline{10}2m\wedge m_0,$ $5\dfrac{2}{m}\otimes 2_Z$	$10/m,$ $1022,$ $10mm,$ $\overline{10}2m(双),$ $5\dfrac{2}{m}(双)$

注：表 6.2 中，与表 6.1 不同的各 2 阶点群的全元形式为 $2_Z=\{1,2_Z\}$，$m_Z=\{1,m_Z\}$。

6.4.2　五方和十方晶系各点群在低级晶族中的最大子群

　　由于 10 只有 2 和 5 这两个约数(除了 1 和 10 外)，而 2 和 5 都是质数，因此十方晶系各点群除了会存在属于五方晶系的最大子群外，还会存在属于低级晶族的最大子群。另外，与三方晶系类似，五方晶系各点群也会存在属于低级晶族的最大子群。运用群的群乘运算规则及各点群的极赤投影图，与前面十二方晶系的推导类似，可以推导出十方和五方晶系各点群所存在的属于低级晶族的最大子群，具体如下：

　　点群 $\dfrac{10}{m}\dfrac{2}{m}\dfrac{2}{m}$ 有一组相互共轭的最大子群 $\dfrac{2}{m}\dfrac{2}{m}\dfrac{2}{m}$；

点群 10 22 有一组相互共轭的最大子群 222；

点群 $\overline{10}2m$ 有一组相互共轭的最大子群 $mm2$；

点群 $10mm$ 有一组相互共轭的最大子群 $mm2$；

点群 $10/m$ 有一个最大不变子群 $2/m$；

点群 10 有一个最大不变子群 2；

点群 $\overline{10}$ 有一个最大不变子群 m；

点群 $5\dfrac{2}{m}$ 有一组相互共轭的最大子群 $2/m$；

点群 52 有一组相互共轭的最大子群 2；

点群 $5m$ 有一组相互共轭的最大子群 m；

点群 $\overline{5}$ 有一个最大不变子群 $\overline{1}$；

点群 5 有一个最大不变子群 1。

6.5 八方晶系各点群的最大子群

6.5.1 八方晶系内各点群的母子群关系

八方晶系共有 7 个点群。仿照四方晶系的极赤投影图，在图 6.8 中绘出了八方晶系各点群的极赤投影图。表 6.3 中列出了八方晶系各点群的所有群元、阶数、推导算式及在八方晶系内的最大子群(均为指数为 2 的不变子群)。

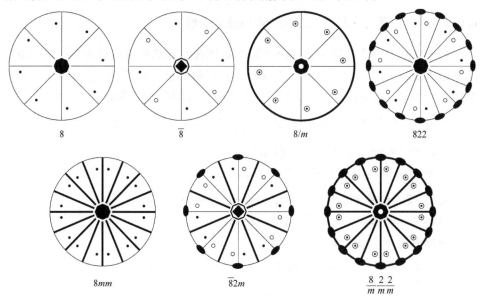

8 $\overline{8}$ $8/m$ 822

$8mm$ $\overline{8}2m$ $\dfrac{8}{m}\dfrac{2}{m}\dfrac{2}{m}$

图 6.8 八方晶系各点群的极赤投影图

表 6.3　八方晶系内各点群的构成及母子群关系

点群	群元(对称操作)	阶数	推导算式	最大子群均为不变子群
8	$1,8^+,8^-,4^+,4^-,8^{+3},8^{-3},2_Z$	8		
$\bar{8}$	$1,\bar{8}^+,\bar{8}^-,4^+,4^-,\bar{8}^{+3},\bar{8}^{-3},2_Z$	8		
$8/m$	$1,8^+,8^-,4^+,4^-,8^{+3},8^{-3},2_Z,\bar{1},\bar{8}^+,$ $\bar{8}^-,\bar{4}^+,\bar{4}^-,\bar{8}^{+3},\bar{8}^{-3},m_Z$	16	$8\otimes\bar{1},\bar{8}\otimes\bar{1}$	$8,\bar{8}$
822	$1,8^+,8^-,4^+,4^-,8^{+3},8^{-3},2_Z,2_0,2_{\pi/4},$ $2_{\pi/2},2_{3\pi/4},2_{\pi/8},2_{3\pi/8},2_{5\pi/8},2_{7\pi/8}$	16	$8\wedge 2_0$	8
$8mm$	$1,8^+,8^-,4^+,4^-,8^{+3},8^{-3},2_Z,m_0,m_{\pi/4},m_{\pi/2},$ $m_{3\pi/4},m_{\pi/8},m_{3\pi/8},m_{5\pi/8},m_{7\pi/8}$	16	$8\wedge m_0$	8
$\bar{8}2m$	$1,\bar{8}^+,\bar{8}^-,4^+,4^-,\bar{8}^{+3},\bar{8}^{-3},2_Z,2_0,2_{\pi/4},$ $2_{\pi/2},2_{3\pi/4},2_{\pi/8},2_{3\pi/8},2_{5\pi/8},2_{7\pi/8}$	16	$\bar{8}\wedge 2_0$	$\bar{8}$
$\dfrac{8}{m}\dfrac{2}{m}\dfrac{2}{m}$	$1,8^+,8^-,4^+,4^-,8^{+3},8^{-3},2_Z,\quad\bar{1},\bar{8}^+,$ $\bar{8}^-,\bar{4}^+,\bar{4}^-,\bar{8}^{+3},\bar{8}^{-3},m_Z,$ $2_0,2_{\pi/4},2_{\pi/2},2_{3\pi/4},2_{\pi/8},2_{3\pi/8},2_{5\pi/8},2_{7\pi/8},$ $m_0,m_{\pi/4},m_{\pi/2},m_{3\pi/4},m_{\pi/8},m_{3\pi/8},m_{5\pi/8},m_{7\pi/8}$	32	$8/m\wedge 2_0,8/m\wedge m_0,$ $822\otimes\bar{1},822\wedge m_0,$ $8mm\otimes\bar{1},8mm\wedge 2_0,$ $\bar{8}2m\otimes\bar{1},\bar{8}2m\wedge m_0$	$8/m$, 822, $8mm$, $\bar{8}2m$(双)

6.5.2　八方晶系各点群在四方晶系中的最大子群

由于 8 只有一个质因数 2,而 $8\div 2=4$,因此八方晶系各点群均会存在四方晶系的最大子群。运用群的群乘运算规则及各点群的极赤投影图,与前面十二方晶系的推导类似,可以推导出八方晶系各点群所具有的四方晶系的最大子群,即

点群 $\dfrac{8}{m}\dfrac{2}{m}\dfrac{2}{m}$ 有两个最大不变子群 $\dfrac{4}{m}\dfrac{2}{m}\dfrac{2}{m}$;

点群 822 有两个最大不变子群 422;

点群 $8/m$ 有一个最大不变子群 $4/m$;

点群 $\bar{8}2m$ 有最大不变子群 422 和 4mm 各一个;

点群 8mm 有两个最大不变子群 4mm;

点群 8 有一个最大不变子群 4;

点群 $\bar{8}$ 有一个最大不变子群 4。

6.6　二十面体晶系各点群的最大子群

二十面体晶系只有两个点群：60 阶的点群 235 和 120 阶的点群 $\frac{2}{m}\overline{3}\overline{5}$，而 $\frac{2}{m}\overline{3}\overline{5}=235\otimes\overline{1}$，因此，$\frac{2}{m}\overline{3}\overline{5}$ 是 235 的最小母群，235 是 $\frac{2}{m}\overline{3}\overline{5}$ 的最大不变子群。

另外二十面体晶系还与等轴晶系、五方晶系、三方晶系有密切的关系：$235=23\cdot5$，$235=52\cdot32$，$\frac{2}{m}\overline{3}\overline{5}=\frac{2}{m}\overline{3}\cdot5$，$\frac{2}{m}\overline{3}\overline{5}=\overline{5}\frac{2}{m}\cdot32$，$\frac{2}{m}\overline{3}\overline{5}=\overline{3}\frac{2}{m}\cdot52$，式中，"·"为点群的弱直积符号。因此，点群 $\frac{2}{m}\overline{3}\overline{5}$ 还分别有三组共轭最大子群 $\frac{2}{m}\overline{3}$、$\overline{5}\frac{2}{m}$ 和 $\overline{3}\frac{2}{m}$，点群 235 分别有三组共轭最大子群 23、52 和 32。

事实上，二十面体晶系两点群 $\frac{2}{m}\overline{3}\overline{5}$ 和 235 的最大子群链，在《国际晶体学表》所列的一般点群的母子群关系中已经给出来了。

6.7　晶体学和准晶体学点群的母子群关系图

按照前面推导出的结论，再参照《国际晶体学表》所给出的 32 个晶体学点群之间的母子群关系("家谱")，及所给出的一般点群(包括二十面体点群)的母子群关系，我们以最小母群和最大子群链的形式，绘制出晶体学和准晶体学中 60 个点群之间的母子群关系图(60 个点群的"家谱")。这一研究成果是对《国际晶体学表》中晶体学点群的母子群关系("32 个点群的家谱")的扩展与补充，对于研究准晶体的相变趋势有指导性作用，也有助于对准晶体结构的研究。

6.7.1　晶体中 32 个点群的家谱

晶体在物理、化学条件发生改变后，对称性有可能会改变。在一个点群 G 中添加对称性，可构成 G 的一个母群；而在点群 G 中撤去某种对称性，其对称性降为 G 的一个子群。《国际晶体学表》以最大子群链的形式给出了晶体学 32 个点群之间的母子群关系(32 个点群的家谱)，如图 6.9 所示。

6.7.2　晶体学与准晶体学 60 个点群的母子群关系链

运用群论和晶体学理论，可推导出，以最小母群和最大子群链的形式，绘制出 3 维晶体学和准晶体学点群之间的母子群关系图(60 个点群的"家谱")(图 6.10)。

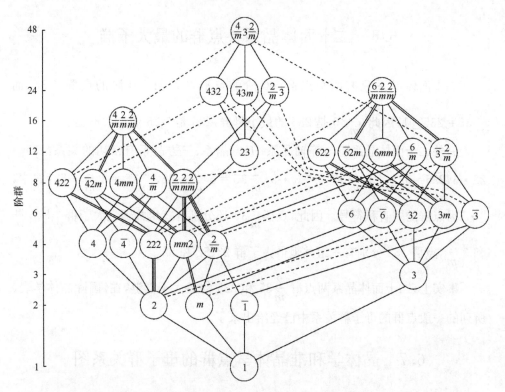

图 6.9　3 维空间中晶体学 32 个点群的母子群关系链(32 个点群的家谱)(Hahn T,2002)

　　图 6.10 所示的 3 维晶体学与准晶体学点群的母子群关系(60 个点群的"家谱")中,每个点群用线往上连着的点群是它的最小母群,往下连着的点群是它的最大子群。实线下端连着的最大子群是不变(正规)子群,双实线或三实线表示下端有符号相同但对称元素不全同的两个或三个最大不变子群。虚线则表示下端有一组相互共轭的最大子群。

　　由图 6.9 可以看出,在晶体学 32 个点群的家谱中,有 2 个顶点,即有 2 个极大点群:48 阶的点群 $\dfrac{4}{m}\bar{3}\dfrac{2}{m}$ 和 24 阶的点群 $\dfrac{6}{m}\dfrac{2}{m}\dfrac{2}{m}$,两者之间没有母子群关系,而其余 30 个点群中的任意一个点群,一定是这 2 个极大点群之一的子群。因为从该点群出发,自下而上(中途不可向下拐),总有一条路径能够到达 2 个顶点之一,也可能同时是这 2 个极大点群的子群(如点群 $\bar{3}\dfrac{2}{m}$、$\dfrac{2}{m}\dfrac{2}{m}\dfrac{2}{m}$ 等)。

　　由图 6.10 可以看到,在晶体学和准晶体学"60 个点群的家谱"中有 5 个顶点,即有 5 个极大点群:$\dfrac{4}{m}\bar{3}\dfrac{2}{m}$、$\dfrac{8}{m}\dfrac{2}{m}\dfrac{2}{m}$、$\dfrac{10}{m}\dfrac{2}{m}\dfrac{2}{m}$、$\dfrac{12}{m}\dfrac{2}{m}\dfrac{2}{m}$ 和 $\dfrac{2}{m}\bar{3}5$。它们之间没有直接的母子群关系。而其余 55 个点群中的任意一个点群,一定是这 5 个极大点群之一

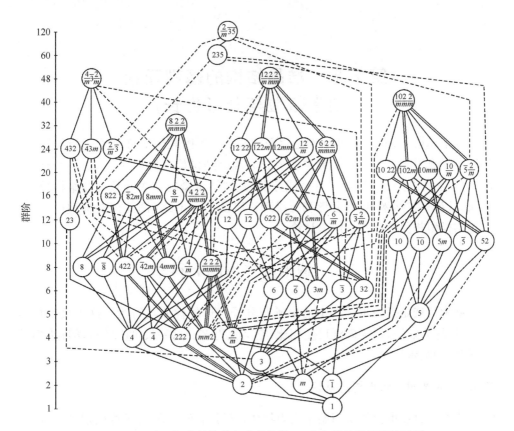

图 6.10　3 维空间中晶体学与准晶体学 60 个点群的母子群关系链

("60 个点群的家谱")(龙光芝,陈瀛,陈敬中,2006)

的子群,因为从该点群出发,自下而上(中途不可向下拐),总有一条路径能够到达 5 个顶点之一。某些点群也可能同时是这 5 个极大点群中某几个的子群。例如,点群 $\frac{2}{m}\frac{2}{m}\frac{2}{m}$ 同时是这 5 个极大点群的子群;点群 $\bar{3}\frac{2}{m}$ 同时是极大点群 $\frac{4}{m}\bar{3}\frac{2}{m}$、$\frac{12}{m}\frac{2}{m}\frac{2}{m}$、$\frac{2}{m}\bar{35}$ 的子群。这 5 个极大点群对称操作的总和就等于 3 维晶体学和准晶体学 60 个点群对称操作的总和(相同的对称操作只算一个)。

　　图 6.9 和图 6.10 所给出的晶体学和准晶体学各点群之间的母子群关系,对于深入研究各种晶体和准晶体的结构及相变趋势有指导性的作用,它应该是材料科学、凝聚态物理学、矿物学等学科的学者们常用的图表之一。

第 7 章　准晶结构的基础理论
(纳米微粒与分形生长)

以纳米科学、分形和分维理论以及 Penrose 拼图几何对称理论为指导思想，1992 年陈敬中提出了"纳米微粒多重分数准晶结构模型"；经过近 30 年的努力，2011 年陈瀛、龙光芝、陈敬中等完成并发表了"纳米微粒多重分数准晶结构模型"一文。以下将"纳米科学、分形和分维理论以及 Penrose 拼图几何对称理论"与准晶结构模型相关关系作一深入讨论。

7.1　纳米世界里的大科学

纳米科技是指纳米尺度上的原子与分子群体的性质与行为。这一尺度相当小，不能称为宏观，但与微观尺度相比，它又大得多。这一尺度上的科学称为中尺度科学，即纳米科学。

7.1.1　人类对纳米世界的认识

人类对自然世界的认识始于宏观物体，又溯源于原子、分子等微观粒子，然而对纳米微粒却缺乏深入细致的研究。

客观世界，主要为两个层次：一是宏观领域，二是微观领域。在宏观领域和微观领域之间，存在着一片有待开拓的介观领域，也称为中等尺度领域。

纳米微粒是自然界物质结构的一个层次，它的尺度大于原子簇，一般在 $1 \sim 100\mathrm{nm}$。纳米微粒属于原子簇与宏观物体交界的过渡区域。从微观或宏观看，这种系统既非典型的微观系统亦非典型的宏观系统。

7.1.2　纳米科技研究的尺度

爱因斯坦(A. Einstein)在其博士论文中，依据糖在水中扩散的实验，计算出一个糖分子的直径大约为 $1\mathrm{nm}$。$1\mathrm{nm}$ 是 $1\mathrm{m}$ 的 $\frac{1}{10^9}$，是微观尺度的核心。10 个氢原子一个个并排起来，其宽度大约为 $1\mathrm{nm}$，相当于一般细菌的长度的 $\frac{1}{10^3}$。$1\mathrm{nm}$ 恰好也是一个重大科学研究领域——纳米科技的基本尺度。21 世纪，纳米尺度在科学研究中的重要性迅速地显现出来。

纳米尺度范围一般从形式上界定为 1~100nm,但并非严格的科学界定,应根据不同研究领域,根据纳米尺度范围内物理、化学等特性确定。一些纳米科技涉及的并非纳米尺度,而是微米尺度上的结构,比纳米尺度大了 1000 倍或更多。许多情况下,纳米科技是对纳米结构的基础研究,此类结构至少有一个维的长度是 1nm 到几百个 nm。

原子是组成物质的基本单位,原子的不同方式排列使自然界多姿多彩。纳米科技使人们能够直接利用原子、分子制备出仅包含几十个到几万个原子的纳米微粒,把它作为基本构成单元,适当排列成 1 维的量子线、2 维的量子面、3 维的纳米固体。纳米固体有一般晶体材料和非晶体材料都不具备的优良特性,它的出现使凝聚态物理理论受到了挑战。

纳米科技是现代科学和先进技术结合的产物,它不仅为人类提供新颖的装置,而且在物理学、化学、生物学、材料学、矿物学等领域中有广阔的前景,对于基础科学、应用科学研究来说都有重要意义。

纳米世界是单个原子和分子的世界与宏观世界之间的神秘的结合部位。前者是量子力学占支配地位,后者则是无数原子的集体行为形成了物质的整体性质。在其小的一端,也就是 1nm 左右的尺度范围内,纳米尺寸与物质的基本结构单元相近,因此它确定了最小的天然结构,从而成为微型化过程的最终极限值,不可能造出比它更小的结构了。

超出 200nm 的研究问题一般归为微米尺度的问题。

7.1.3　介观领域中的纳米科技

1959 年底,美国物理学家 R. Feynman 设想在原子和分子水平上操纵和控制物质,他在美国物理学会上发表了一篇富有想象力的讲话,他说,"关于操纵和控制原子尺度上的物质的问题……这方面确有发展潜力,可以采用切实可行的方式,进一步缩小器件的尺寸","现在我们还没有走到这一步,仅仅是因为我们没有在这方面花足够的时间与精力"。

R. Feynman 预见到一系列现今科技领域中重要的问题,包括电子束与离子束制造、分子束外延生长法、纳米压印技术、透射电子显微术、单个原子操作控制、量子效应电子技术、自旋电子技术以及微电子机械系统等,也预见到了新领域的所谓"奇特"的效力。

纳米科技领域是一个待开发的科学园地。纳米科技大量吸取了物理学、化学、生物学以及许多其他学科的重要成果。一大批物理学家、化学家、生物学家、材料科学家,成了纳米科技方面的专家,一些新颖的、尖端的、前沿的东西已经突现出来。

7.1.4　纳米科技与纳米材料

（1）纳米科技

可以定义为在纳米尺度 1nm 至数百纳米范围内，研究物质的特性和相互作用（包括原子、分子操作），以及利用这些特性的、多学科交叉的科学和技术。

（2）纳米材料

纳米材料是指 3 维空间尺度上至少有 1 维处于纳米量级或由它们作为基本单元构成的材料。纳米科技领域涉及的是具有下列几个关键特征的材料与系统：

① 至少有一个维具有 1nm 至数百纳米的尺度；

② 设计过程必须体现微观的操作与控制能力，能够从根本上左右纳米尺寸的结构的物理性质与化学性质；

③ 能够组合起来形成更大的结构；

④ 这种纳米结构可能具有优异的电学、光学、磁学、机械、化学等性能，至少是在理论上具备这样的性能，但不能理解为越小就越好；

⑤ 把原子和分子按设计方案一个一个地排布起来，而这种原子、分子排布出的纳米结构必须具有可利用范围内的化学稳定性。

7.1.5　纳米结构的构筑技术

纳米科技的核心是纳米物质的结构，研究人员不断发现有效的办法来构筑大小只有纳米级的结构。纳米科技的发展取决于能否高效率制造几个纳米到数百纳米的结构。纳米结构构筑的方法，包括物理、化学、生物物理、生物化学以及综合方法等，通过这些方法获得纳米结构的器件和物质。

纳米结构材料的制备方法是指通过物理、化学、生物物理、生物化学以及综合方法等获得纳米结构材料。纳米结构的构筑技术可以分为两大类，即"从上到下"法和"从下到上"法。

① 纳米材料制备常采用的"从大到小"的方法，主要是指物理方法，即通过各种物理学原理，使材料、矿物等粉末化，再进一步纳米化。

② 纳米材料制备常采用的"从小到大"的方法，主要是指化学方法，即通过各种化学合成原理，使原子、分子、晶胞等组装成纳米级结构的物质。

7.1.6　颗粒组元与界面组元

纳米微粒在一定的物理、化学条件下生成纳米固体，纳米固体物质包括两部分,一部分为直径 1~100nm 的微粒(颗粒组元),颗粒组元是长程有序的晶体结构或短程有序的非晶体结构。另一部分为微粒间的分界面(界面组元),界面组元是既没有长程有序也没有短程有序的无序结构。

纳米固体颗粒极小,界面组元所占的比重显著增大。例如,纳米微粒直径为 5nm 时,界面组元的体积将占全部体积的 50% 左右。纳米固体中一半左右的原子是分布在界面内,这样大量的纳米微粒又使得纳米固体每 $1cm^3$ 体积内就存在有 10^{19} 个不同的界面结构,纳米固体中的界面组元就是所有这些界面结构的组合,且所有界面原子间距又各不一样。因此,这些界面的平均结果将导致各种可能的原子间距取值在界面组元均匀分布。界面组元内的原子排列无序度、混乱度高于传统晶态和非晶态。

由于纳米微粒的物相不同,纳米固体可分为纳米晶体和纳米非晶体。纳米微粒具有长程有序的晶态结构或短程有序的非晶态结构,而微粒间的分界面是既没有长程有序也没有短程有序的无序结构。这种结构特点是有序部分尺寸极小,一般为 5~15nm,含有的分子很少(约几百个分子),界面部分占总体积的百分比很大(约 50%),缺陷结构极多(大于 70%)。

纳米结构是以纳米尺度的物质单元为基础,按一定规律构筑的一种新体系,它包括 1 维、2 维、3 维、0 维、分数维的体系。这些物质单元包括纳米微粒、团簇、纳米管、纳米棒、纳米丝、纳米孔洞以及人造超原子等。

7.1.7　纳米材料的特征

纳米微粒、纳米固体和纳米结构材料的基本特性是小尺寸效应、表面与界面效应、量子尺寸效应和宏观量子隧道效应,使纳米微粒、纳米固体和纳米结构材料等呈现出许多奇异的物理、化学性质。

(1) 小尺寸效应

当纳米微粒的尺寸与光波的波长、传导电子德布罗意波长以及超导态的相干长度或透射深度等物理特征尺寸相当或更小时,周期性的边界条件将被破坏,声、光、电、磁、热力学等特性均会出现新的小尺寸效应。

(2) 表面与界面效应

纳米微粒尺寸小、表面大,位于表面的原子占相当大的比例,纳米微粒尺寸与表面原子数的关系如表 7.1 所示。

表 7.1　纳米微粒尺寸与表面原子数的关系

纳米微粒尺寸/nm	包含总原子数	表面原子所占比例/%
10	3×10^4	20
4	4×10^3	40
2	2.5×10^2	80
1	30	99

如粒径为 4nm 的微粒,包含 4000 个原子,表面原子占 40%;粒径为 1nm 的微粒,包含 30 个原子,表面原子占 99%。随着粒径的减小,表面原子所占比例迅速增大,这是由于粒径小,表面原子增多所致。例如,粒径为 10nm 时,比表面积为 $90m^2/g$;粒径为 5nm 时,比表面积为 $180m^2/g$;粒径下降到 2nm,比表面积增至 $450m^2/g$。这样高比例的比表面积,使处于表面的原子数越来越多,增大了纳米粒子的活性。

例如,金属的纳米粒子在大气中会燃烧,无机材料的纳米粒子在大气中会吸附气体并与之进行反应。这种表面原子的活性,不但引起纳米粒子表面原子输送和构型的变化,同时也引起表面电子自旋构象和电子能谱的变化。上述情况,被称之为"表面与界面效应"。

（3）量子尺寸效应

所谓量子尺寸效应,是指当粒子尺寸下降到最低值时,费米能级附近的电子能级由准连续变为离散能级的现象。纳米微粒中所含原子数有限,这就导致能级间距发生分裂。而当颗粒中所含原子数随着尺寸减小而降低时,费米能级附近的电子能级将由准连续态分裂为分立能级。当能级间距大于热能、磁能、静磁能、静电能、光子能量或超导态的凝聚能时,就导致纳米微粒磁、光、声、热、电以及超导电性与宏观特性有显著不同,称为"量子尺寸效应"。

（4）宏观量子隧道效应

微观粒子具有贯穿势垒的能力,称为隧道效应。一些宏观量,如微粒的磁化强度、量子尺寸效应通量等具有隧道效应,称为"宏观量子隧道效应"。宏观量子隧道效应的研究对基础研究及应用都有重要意义。

小尺寸效应、表面与界面效应、量子尺寸效应和宏观量子隧道效应是纳米微粒与纳米固体的基本特性,它使纳米微粒和纳米固体呈现许多奇异的物理、化学性质。

7.2　分形和分数维的理论

分形理论是当今世界十分风靡和活跃的新理论、新学科。分形的概念是美籍数学家曼德布罗特(B. B. Mandelbort)首先提出的。1967 年他在美国权威的《科学》杂志上发表了题为《英国的海岸线有多长?》的著名论文。海岸线作为曲线,其特征是极不规则、极不光滑的,呈现极其蜿蜒复杂的变化,不能从形状和结构上区分这部分海岸与那部分海岸有什么本质的不同,这种几乎同样程度的不规则性和复杂性,说明海岸线在形貌上是自相似的,也就是局部形态和整体形态的相似。

在没有建筑物或其他东西作为参照物时,在空中拍摄的 100 公里长的海岸线与放大了的 10 公里长海岸线的两张照片,看上去会十分相似。

事实上,具有自相似性的形态广泛存在于自然界中,如连绵的山川、飘浮的云朵、岩石的断裂口、布朗粒子运动的轨迹、树冠、花菜、大脑皮层……,曼德布罗特把这些部分与整体以某种方式相似的形体称为分形(fractal)。

1975 年,他创立了分形几何学(fractalgeometry)。在此基础上,形成了研究分形性质及其应用的科学,称为分形理论(fractaltheory)。

7.2.1　自相似原则

自相似原则和迭代生成原则是分形理论的重要原则。它表征分形在通常的几何变换下具有不变性,即标度无关性。由于自相似性是从不同尺度的对称出发,也就意味着递归。分形形体中的自相似性可以是完全相同,也可以是统计意义上的相似。

标准的自相似分形是数学上的抽象,迭代生成无限精细的结构,如科契(Koch)雪花曲线、谢尔宾斯基(Sierpinski)地毯曲线等。这种有规分形只是少数,绝大部分分形是统计意义上的无规分形。

这里再进一步介绍分形的分类,根据自相似性的程度,分形可以分为有规分形和无规分形。

(1) 有规分形

有规分形是指具体有严格的自相似性,即可以通过简单的数学模型来描述其相似性的分形,如三分康托集、Koch 曲线等。

(2) 无规分形

无规分形是指具有统计学意义上的自相似性的分形,如曲折连绵的海岸线,漂浮的云朵等。

7.2.2　典型的分形

(1) 三分康托集

1883 年,德国数学家康托(G. Cantor)提出了如今广为人知的三分康托集。三分康托集是很容易构造的,然而,它却显示出许多最典型的分形特征。它是从单位区间出发,再由这个区间不断地去掉部分子区间的过程构造出来的图形(图 7.1)。

图 7.1　三分康托集的构造过程

第一步,把闭区间[0,1]平均分为三段,去掉中间的 1/3 部分段,则只剩下两个闭区间[0,1/3]和[2/3,1]。第二步,再将剩下的两个闭区间各自平均分为三段,同样去掉中间的区间段,这时剩下四段闭区间[0,1/9],[2/9,1/3],[2/3,7/9]和[8/9,1]。第三步,重复删除每个小区间中间的 1/3 段。如此不断地分割下去,最后剩下的各个小区间段就构成了三分康托集。第 N 步⋯⋯

三分康托集的 Hausdorff 维数是 0.6309。

(2) Koch 曲线

1904 年,瑞典数学家柯赫(Koch)构造了"Koch 曲线"几何图形。Koch 曲线大于 1 维,具有无限的长度,但是又小于 2 维,并且生成的图形的面积为 0。它和三分康托集一样,是一个典型的分形。根据分形的次数不同,生成的 Koch 曲线也有很多种,如三次 Koch 曲线,四次 Koch 曲线等。下面以三次 Koch 曲线为例,介绍 Koch 曲线的构造方法,其他的可依此类推。

三次 Koch 曲线的构造步骤:第一步,给定一个初始图形——一条线段;第二步,将这条线段中间的 1/3 处向外折起;第三步,按照第二步的方法不断地把各段线段中间的 1/3 处向外折起。这样无限地进行下去,最终即可构造出 Koch 曲线。其图例构造过程如图 7.2 所示(迭代了 6 次的图形)。

(3) Julia 集

Julia 集是由法国数学家 Gaston Julia 和 Pierre Faton 在发展了复变函数迭代的基础理论后获得的。Julia 集也是一个典型的分形,只是在表达上相当复杂,难

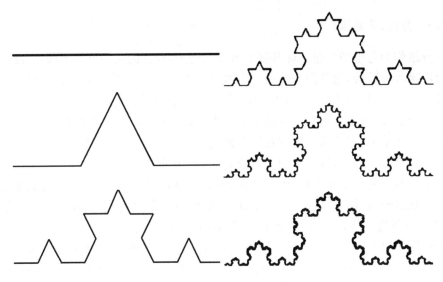

图 7.2　Koch 曲线的生成过程

以用古典的数学方法描述。

　　Julia 集由一个复变函数

$$f(z) = 2^2 + c(c \text{ 为常数})$$

构成。尽管这个复变函数看起来很简单,然而它却能够生成很复杂的分形图形。图 7.3 为 Julia 集生成的图形,由于 c 可以是任意值,当 c 取不同的值时,生成的 Julia 集的图形也不相同。

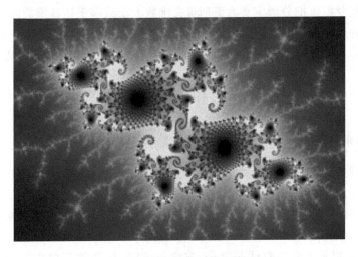

图 7.3　复变函数和 Julia 集生成的图形

7.2.3　分维(分数维)

分维作为分形的定量表征和基本参数,是分形理论的又一重要原则。分维,又称分形维或分数维,通常用分数或带小数点的数表示。长期以来人们习惯于将点定义为 0 维,直线为 1 维,平面为 2 维,空间为 3 维,爱因斯坦在相对论中引入时间维,就形成 4 维时空。对某一问题给予多方面的考虑,可建立高维空间,但都是整数维。在数学上,把欧氏空间的几何对象连续地拉伸、压缩、扭曲,维数也不变,这就是拓扑维数。然而,这种传统的维数观受到了挑战。

法国数学家曼德布罗特(B. Mandelbrot)曾描述过一个绳球的维数:从很远的距离观察这个绳球,可看作一点(0 维);从较近的距离观察,它充满了一个球形空间(3 维);再近一些,就看到了绳子(1 维);再向微观深入,绳子又变成了 3 维的柱,3 维的柱又可分解成 1 维的纤维。那么,介于这些观察点之间的中间状态又如何呢?

显然,并没有绳球从 3 维对象变成 1 维对象的确切界限。德国数学家豪斯道夫(Hausdoff)在 1919 年提出了连续空间的概念,也就是空间维数是可以连续变化的,它可以是整数也可以是分数,称为豪斯道夫维数。记作 D_f,一般的表达式为

$$K = LD_f$$

也作 $K=(1/L)-D_f$,取对数并整理得

$$D_f = \ln K / \ln L$$

式中,L 为某客体沿其每个独立方向皆扩大的倍数;K 为得到的新客体是原客体的倍数。显然,D_f 在一般情况下是一个分数。

曼德布罗特也把分形定义为豪斯道夫维数大于或等于拓扑维数的集合。英国的海岸线为什么测不准?因为欧氏 1 维测度与海岸线的维数不一致。根据曼德布罗特的计算,英国海岸线的维数为 1.26。有了分维,海岸线的长度就确定了。

7.3　分形和分维研究的意义

7.3.1　纳米是尺度大小问题,分形是位置关系问题

分形理论既是非线性科学的前沿和重要分支。作为一种方法论和认识论,其启示是多方面的。

① 分形表现为整体与局部形态的相似,启发人们通过认识部分来认识整体,从有限中认识无限;

② 分形揭示了介于整体与部分、有序与无序、复杂与简单之间的新形态、新秩序;

③ 分形从一特定层面揭示了世界普遍联系和统一的图景。

7.3.2　分形结构与自然科学的关系

① 分形与自然的关系，如一些天文现象、地质作用造山运动、地理位置分布、地球形貌、气象学中的云彩飘动等的形成和发展。

② 分形与生物的关系，如动物、植物、人体的生长和发育过程。

③ 分形与材料科学的关系，如金属材料中的准晶、非金属材料准周期分布、矿物材料中的类质同象、高分子材料中的自相似现象、复合材料的形成和生长。

第8章　准晶结构的空间几何理论

8.1　准晶结构研究概述

随着物理学家、化学家、材料科学家和矿物学家等对准晶体结构的深入研究，人们终于突破了传统概念，认识到在过去科学家们一直研究的周期性晶体结构仅仅是各种可能类型的有序固体中的一个子系统而已。

近年来，人们已经提出了许多种有关二十面体准晶的结构模型，其中比较有影响的是 Penrose 模型、玻璃模型、无规堆砌模型和纳米微粒多重分数维结构模型。

8.1.1　准晶结构的 Penrose 拼图模型

1974 年 R. Penrose 探讨了怎样用两种或更多种的图形以准周期方式来组合拼满一个平面，也就是说如何用不重叠的图形将一个平面完全铺满。每一种这类堆砌物都可以用一组称为匹配规则的程序将其构成。准晶体的第一个结构模型产生于 Penrose 堆砌数学，它是由按特定规则镶配在一起的两种或更多种菱面体晶胞组成的。这种模型可以对准晶体的一些基本特征作较为准确的描述，但是它不能解释这些规则是怎样与原子的增长过程相联系的。

1982 年伦敦大学的 A. L. Mackay 对一种理论上的准周期性结构进行了研究，计算出了它的各个衍射特性数据。他证明，如果把原子放置在一种 Penrose 堆砌物中各图形的顶角上，则这些原子将会给出一个具有 10 次对称的衍射图。1987年，蒂宾根大学的 P. Kramer 和 R. Neri 将 2 维 Penrose 堆砌物的概念推广到 3维。宾夕法尼亚大学的 D. Levine 和 P. J. Steinhardt 也考虑过以 Penrose 堆砌物为基础的其他形式原子排列的可能性。

D. Levine 等在 D. Shechtman 发表了著名的"具有长程定向有序但无平移对称的金属相"文章之后，便很快提出了有关准晶体的 Penrose 模型。他们发表了描述 Al-Mn 合金结构的 3 维 Penrose 堆砌的通则，并指出根据 Penrose 模型计算出的衍射峰图与 Shechtman 的结果符合得很好。

Penrose 模型是根据一组单位晶胞以及控制各种晶胞如何装配在一起的特定规则建立起来的。

Penrose 模型以其 3 个重要特征将准晶体和晶体区别开来：①Penrose 模型含有许多明显表现出在晶体中被禁止的 5 次旋转对称的区域；②准晶体是由两种或

更多种的晶胞组成,而不是像周期性晶体那样只有一种晶胞;③Penrose 模型并不像周期性晶体结构那样显示出等间距的晶格点阵行列。

尽管如此,但从 Penrose 模型得出的衍射图仍有一系列明锐的点与实验观察到的情况相符合。

如果把 Penrose 准晶体结构看作是起因于一个更高维周期性晶格的一部分,那么,便能很精致地描述出 Penrose 准晶结构以及相应的衍射图。一个准周期结构由于在更高维母晶格中具有周期性排列,因此它会产生一个明显有规律的衍射图。

虽然 Penrose 模型在推测二十面体准晶产生的电子衍射图方面极为成功,但这种几何图形的多维空间、匹配规则与凝聚态物理理论、准晶生长规律有什么内在关系仍然得不到满意的解释。特别是,尽管 Penrose 匹配规则是定域性的,但要构成一个完美的 Penrose 准晶体仍需事先进行大量的设计。合成这样一种准晶体,要求在很远间距晶胞中的原子必须以一种特定方式相互作用,从而将它们的位置和有关取向联系起来。这一见解与普遍接受的有关晶体结合力的所有概念是相反的,晶体结合力都是较短程的力。

Penrose 模型是一种规则拼图,它不能解释准晶体中显著存在的大量无序结构现象。这种无序现象,体现在准晶体的结构特性、衍射特性和物理特性上。例如,Penrose 模型的一个结论说,一个完美无缺的准晶体应该像普通金属晶体那样导电。而事实上,在实验室中制造出来的所有准晶体的导电性都很弱。

二十面体准晶的 X 射线衍射图很复杂,它显示出一个更为显著的无序现象。在很多情况下,它们的衍射图都显示出加宽的衍射峰,而不像 Penrose 模型所预言的十分明锐的峰。加宽衍射峰是许多结晶物质中的一种无序现象。引起无序现象的通常原因有微小的颗粒、晶体、准晶体的缺陷或变形以及链的宽化、结构混层等,它们都会引起在衍射图上显示出峰加宽的特征。准晶体衍射峰加宽特征看来比晶体显示出的衍射峰加宽更为显著。

8.1.2　准晶结构的玻璃模型

X 射线衍射的结果,得出了一种称为"相元"(phason)的新的结构无序形态,这种无序是准晶体所独有的。如果将 Penrose 准周期堆砌或与普通晶体相比较,便会发现准周期结构在生长过程中会产生一种新的无序形态,这是一种错误的单位晶胞或线段落入特定位置时所产生的缺陷。几个孤立的缺陷不会影响整个样品的衍射特性,但是如果样品有许多这样的缺陷,则它们就会使衍射图不正常。

在 1 维准周期中,将长短序列重新排列成一个完全无规的形式,这个无规序列产生的衍射图竟与原来的准周期序列产生的衍射图十分相似。无规序列的衍射峰出现的位置与准周期序列的相同,只是无规序列的衍射峰显得较宽。无规序列衍射峰的宽度与相应的准周期序列衍射峰的强度是反相关的,所以只有较强峰保留下来。无规序列仍然能得出相对较明锐的衍射峰,这表明准周期性能在经历无序干扰之后仍保存着自己的本质特征。

P. W. Stephens 等在 1986 年提出二十面体准晶有着受缺陷支配的固有结构,被称为二十面体的玻璃模型。准晶体的玻璃模型依靠近程相互作用,以多少有些无规的方式来连接原子簇。这种模型认为,所有原子簇都有着相同的取向,但是由于无规的生长,使准晶结构具有很多缺陷。无规性对玻璃模型来说很重要,因为它从两个角度解释了准晶体结构。首先,它消除了神秘的匹配规则的必要性,并对准晶体的生长提出了一个更合理的解释;其次,通过无规性引入的无序现象很相似于衍射图中峰加宽显示的无序现象。在发现准晶体后不久,D. Shechtman 和 L. Blech 于 1954 年在提出的准晶结构设想中认为,二十面体准晶是由无规连接的二十面体原子簇组成的。

从许多新发现的准晶中,可以得出准晶体相可能是热力学的稳定相。D. Shenhtman 等先使用骤冷过程产生的很小粒度的准晶体相进行了电子显微镜研究,但是这种相在受热时便可转变成普通的晶体相。这种亚稳定性使研究人员无法通过热处理和其他冶金技术来改进样品质量。因此,最初的准晶体粒度只有几千分之一毫米,使很多种实验无法进行。经科学工作者努力,在过去几年中发现的一些材料在它们的熔点之下已能探测其准晶体结构。因此,可以用传统的晶体生长技术来制造更大的准晶体样品。最近已制造出颗粒粒度大到 10mm 左右的准晶体。

铝、锂、铜组成的准晶体可经缓慢生长过程形成 10mm 大小的多面体,它具有与通过骤冷法而形成的同类型结构相同的相元无序程度。这些材料中相元无序性的发现,是对二十面体玻璃模型合理性的证明。

尽管二十面体玻璃模型在推测衍射图方面获得较为满意的效果,但用无序性概念解释准晶体实际结构仍有许多问题。这种玻璃模型在结构上留下了太多的间隙或裂缝,使得二十面体原子簇不能很好地紧密镶配,而这些裂缝在 Penrose 模型中并不存在。这些不应有的间隙或裂缝的实际效果使得玻璃模型过高地夸大了衍射图中峰的变宽程度。

8.1.3　准晶结构的无规堆砌模型

无规堆砌模型综合了 Penrose 模型和二十面体玻璃模型中的一些优点。这种模型认为,Penrose 模型的严格匹配规则不一定非得遵守,只要在结构中没有间隙就可以不遵守那些规则。令人惊奇的是,无规堆砌模型推测出完全明锐的衍射峰,就像其更有序的同类 Penrose 模型一样。

无规堆砌模型的显著优点在于它只需要定域生长规则。M. Widom,K. J.

Strandburg 和 R. H. Swendsen 证明,可以应用计算机来模拟这些充满缺陷的堆砌物的生长;而且还发现在某些特定的环境里,这种充满缺陷的堆砌物比普通晶体具有更高的热力学稳定性。这些研究人员和波士顿大学的 C. L. Henley 都证明,与完美准周期结构中的缺陷有关的无序性实际上能使准晶体有序性稳定下来,至少相对于某种与之竞争的结晶相来说是如此。无序性的相对重要性随着温度的增加而增加,因此无规堆砌模型预言,准晶体只有在温度升高的情况下才能达到稳定的平衡相。

8.1.4　纳米微粒多重分数维准晶结构模型

陈敬中等 1992 年提出"纳米微粒多重分数准晶结构模型",经过 2002 年法国马塞"国际准晶结构理论讨论大会"报告后,陈瀛、龙光芝、陈敬中等在集中上述 3 类模型的优点,克服它们的缺点的基础上,提出了"二十面体与正十二面体共轭生成准晶结构模型"和具有 8,10,12 次对称轴的"纳米微粒多重分数维准晶结构模型"。对"纳米微粒多重分数准晶结构模型"不断修改和完善,使该模型成为一种较为理想的准晶结构模型。

这些模型更为符合凝聚态物理、晶体化学、纳米科学、分数维几何等多种理论,是一种理想的准晶结构模型。

8.2　准晶结构的几何特征

截至目前为止,国内外都还需进一步修改和完善准晶结构几何理论。下面介绍我们在这方面取得的一些研究成果。

8.2.1　晶体、准晶体空间几何

(1) 欧氏空间的晶体、准晶体几何格子的推导

① 在 n 维空间的各坐标轴上分别取单位矢量 $e_1,e_2,\cdots,e_n$;

② 单位矢量 e_i 的长度为 n 维空间中沿坐标轴方向相邻结点间的距离;

③ 单位矢量中相邻矢量 e_i 与 e_{i+1} 间的夹角 $\theta=\dfrac{(n-1)}{n}\cdot 180°$ 或 $\theta=\dfrac{180°}{n}$(n 为维数);

④ 空间几何格子为单位矢量依次沿坐标轴移动一个单位矢量长度后留下的轨迹;

⑤ 空间几何格子图形是按正等测方式向垂直于对称轴的平面投影绘制的。

按照上述假定,我们可以得到从 0 维到 n 维的空间几何格子。0 维到 3 维空

间几何格子推导如图 8.1 所示。

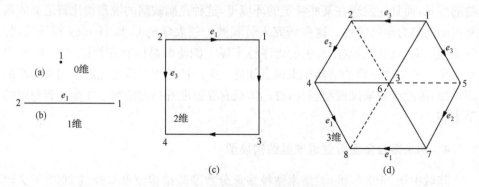

图 8.1　从 0 维到 3 维空间格子推导

0 维空间格子:它是空间的一点,代表结点。

1 维空间格子:它是一条线段,表示 1 维空间中两个结点之间的关系,坐标轴为 e_1。可通过变换单位矢量的长度,来描述 1 维准晶。

2 维空间格子:它是一个正方形,通过将 e_1 沿 e_2 方向移动得到,表示 2 维空间中结点间的关系,坐标轴为 e_1,e_2。可通过改变矢量之间的长度和夹角等关系,得出平行四边形(包括矩形、正方形、菱形等)组成的多种晶体、准晶体的平面基本点阵图形。

3 维空间格子:它是一个正方体,由 2 维图形沿 e_3 移动得到,代表 3 维空间中结点间的关系,坐标轴为 e_1,e_2,e_3。同样,如果改变矢量之间的夹角和长度等关系,可得到三斜、单斜、斜方、三方、正方、菱面体点阵晶胞等晶体中常见的点阵晶胞。

4 维空间格子:由 3 维空间图形沿 e_4 移动得到,是具有 8 次对称轴的准晶空间格子,坐标轴为 e_1,e_2,e_3,e_4,共 16 个交点(参见图 8.4)。

5 维空间格子:有两种形式。一种由 4 维空间图形沿 e_5 移动得到,是具有 10 次对称轴的准晶空间格子,坐标轴为 e_1,e_2,e_3,e_4,e_5,共 32 个交点,如图 8.5 所示;还有一种是 5 维空间格子的一种变形,它是由于 e_5 的特殊方向而产生的,因此,它具有 5 次对称轴,坐标轴为 e_1,e_2,e_3,e_4,e_5,也有 32 个交点(参见图 8.3)。

6 维空间格子:由 5 维空间图形沿 e_6 移动而成,具有 12 次对称轴,坐标轴为 e_1,e_2,e_3,e_4,e_5,e_6,共 64 个交点(参见图 8.6)。

这样,即完成了准晶空间几何格子的构筑。准晶空间几何格子包含准晶结构的单位,用图中的准晶空间几何格子及各自包含的菱面体就可以堆垛成具有 5,8,10 和 12 次对称的准晶空间几何点阵。由于准晶物质成分简单,这样的点阵图形与准晶结构模型十分相似,只需要将不同原子安置在交点、面、棱或菱面体中心,就能获得相应的准晶结构模型。

（2）平面上的准晶几何格子

依据欧氏空间的准晶空间几何格子的构筑方法，可以比较容易地得到平面上的准晶几何格子。现仅以具有 8 次对称轴的准晶平面格子为例说明推导过程。

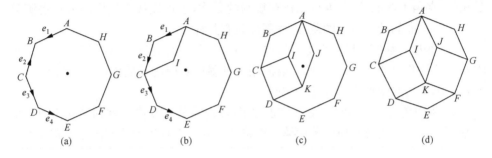

图 8.2　具有 8 次对称轴的准晶平面格子推导

① 图 8.2（a）表示由 e_1, e_2, e_3, e_4 构成的正八边形；

② e_1 沿 e_2 移动一个单位长度，得到线段 AI, IC，示于图 8.2（b）；

③ 线段 AI, IC 沿 e_3 移动一个单位长度，得到图 8.2（c）；

④ 继续上述操作则得到了具 8 次对称轴的平面准晶几何格子，如图 8.2（d）所示。

实际上，准晶的平面几何格子可以看作其空间几何格子中处于表面的格子在平面的投影，或者看作单位矢量在表面依次沿坐标轴移动后的投影。

8.2.2　具有 $5, 8, 10, 12$ 次对称轴的准晶几何格子

研究准晶结构几何理论，首先必须弄清准晶结构几何的格子基本类型。在空间里，一个球形体可分割成两种或两种以上棱长相等，但多面角不等的菱面体，最外层的菱面体交角与球体表面一一相接。这种空间几何拼图，简称为菱面体拼图。换言之，用两种或两种以上棱长相等、多面角不等的菱面体可以无间隙地堆满欧氏空间，最外层的菱面体交角与球体表面一一相接，只要选择合适的菱面体，且按一定方式堆垛就可以获得具有 $5, 8, 10, 12$ 次对称轴的准晶几何格子；同样也可以堆垛成具有其他 n 次对称轴的几何图形。但高于 12 次对称轴的几何图形没有晶体学、准晶体学意义。

根据这种欧氏空间中的准晶几何格子，可以很容易得到平面上的准晶几何格子，用不同的准晶几何格子就可以拼成具有准晶结构的点阵，这种点阵的特点与 Penrose 拼图一致。

（1）几种特殊菱形和菱面体

选用两种或两种以上棱长相等、多面角不等的相匹配的菱面体，就可以按有规则的方式，也可以按无规则的方式堆砌满整个空间。选择相匹配的两种或三种棱长相等、夹角不等的菱形，就可以按有规则的方式，也可以按无规则的方式拼满整个平面。与准晶结构有关的菱形、菱面体只有几种。

① 用内角为 36°、144° 的菱形与内角为 72°、108° 的菱形，可以将具有 5 次、10 次对称轴的几何图形拼满平面。同样，用这种菱形对应的菱面体可以将具有 5，10 次对称轴的几何图形堆砌满整个空间。

② 用内角为 45°、135° 的菱形与正方形，可以将其有 8 次对称轴的几何图形拼满平面。用这种菱形对应的菱面体可以将具有 8 次对称轴的几何图形堆砌满整个空间。

③ 用内角为 30°、150° 的菱形与内角为 60°、120° 的菱形以及正方形，可以将具有 12 次对称轴的几何图形拼满平面。同样，用这种菱形对应的菱面体可以将具有 12 次对称轴的几何图形堆砌满整个空间。

（2）多维空间的准晶几何格子

根据上述原则可以得到具有 5，8，10，12 次对称轴的准晶空间几何格子，如图 8.3～图 8.6 所示。准晶空间几何格子包含有准晶结构的基本单位，用图中的准晶空间几何格子及各自包含的菱面体就可以堆垛具有 5，8，10，12 次对称轴的准晶空间几何点阵。由于准晶物质成分简单，这种点阵图形与准晶结构模型十分相似，只需将不同原子安置在交点、面、棱及菱面体中心，就能获得相应的准晶结构模型。

图 8.3 代表 5 维空间图形，可以看成具有 5 次对称轴的空间几何格子，它由 4 维空间图形（图 8.4）压缩变形后扩展而来，坐标轴为 e_1, e_2, e_3, e_4, e_5，共 32 个交点，交点位置与图 8.5 相同。将图中 DEF 经拉伸变形移到与球体表面相接后，就可以得到图 8.4 中的 ABCDEFGH，反之亦可。

图 8.4 代表 4 维空间图形，可以看成具有 8 次对称轴的空间几何格子，它由 3 维空间图形立方体变形后扩展而来，坐标轴为 e_1, e_2, e_3, e_4，共 16 个交点，将由立方体变形而成的菱面体 1，2，3，4，5，6，7，8 沿 e_4 方向移动至球体表面，就可获得图 8.4 中的 ABCDEFGH，反之亦可。

图 8.5 代表 5 维空间图形，可以看成具有 10 次对称轴的空间几何格子，它由 4 维空间图形（图 8.4）压缩变形后扩展而来，坐标轴为 e_1, e_2, e_3, e_4, e_5，共 32 个交点。将图中的 BCD 经拉伸变形移到球面相接，就可得到图 8.4 中的 ABCDEFGH，反之亦可。只要将 4 维空间图形（图 8.4）沿 e_5 方向移动，便能获得 5 维空间图形（图 8.5）。

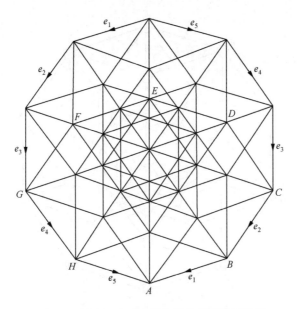

图 8.3　具有 5 次对称轴的准晶空间几何格子

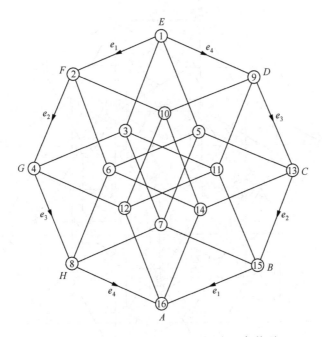

图 8.4　具有 8 次对称轴的准晶空间几何格子

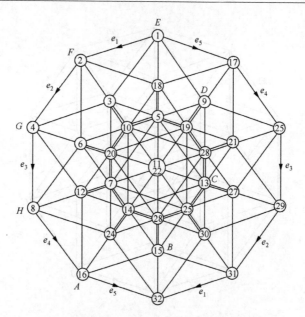

图 8.5　具有 10 次对称轴的准晶空间几何格子

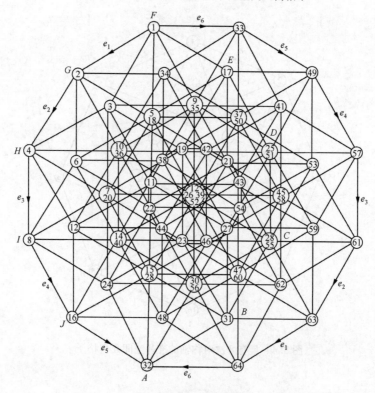

图 8.6　具有 12 次对称轴的准晶空间几何格子

　　图 8.6 代表 6 维空间图形,可以看成具有 12 次对称轴的空间几何格子,它由 5 维空间图形(图 8.5)变形后扩展而来,坐标轴为 e_1,e_2,e_3,e_4,e_5,e_6,共 64 个交点。将图中 $BCDE$ 经拉伸变形移到球面相接,就可以得到图 8.5,反之亦可。只要将 5 维空间图形(图 8.5)沿 e_6 方向移动,便能获得 6 维空间图形(图 8.6)。

　　(3) 平面上的准晶几何格子

　　多维空间的准晶空间几何格子,可以比较容易地简化为平面上的准晶几何格子。根据投影原理,只要将图 8.3～图 8.6 中的细线条去掉,留下图中的粗线条,就可以得到与 5,8,10,12 次对称轴有关的平面上的准晶几何格子。这种平面几何格子外缘上的交点均与圆形相接,它由两种或两种以上棱长相等、内角不等的菱形拼成。这种平面几何拼图,简称菱形拼图。

　　图 8.7 中的(a)、(b)、(c)、(d)图分别为具有 5(L_{10}^5),8,10,12 次对称轴的准晶平面格子,(e)、(f)图分别为具有 14 次和 7 次 (L_{14}^7) 对称轴的几何拼图。从图 8.7 (a)可以看出两种基本菱形,在菱形 $ABCD$ 中,$\angle ABC = 36°$,$\angle DAB = 144°$;在菱

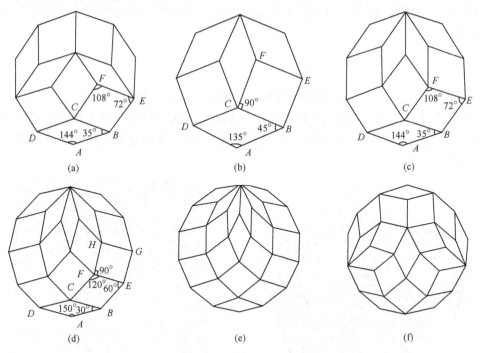

图 8.7　具 5(L_{10}^5),8,10,12 对称轴的准晶平面格子及有关几何拼图

(a) 具有 5 次对称轴的准晶平面格子;(b) 具有 8 次对称轴的准晶平面格子;

(c) 具有 10 次对称轴的准晶平面格子;(d) 具有 12 次对称轴的准晶平面格子;

(e) 具有 14 次对称轴的几何平面拼图;(f) 具有 7 次 (L_7^4) 对称轴的几何平面拼图

形 $BLFC$ 中，$\angle BEF = 72°$，$\angle EFC = 108°$。图 8.7(b) 的两种基本菱形中，一种是特殊菱形，即正方形 $BEFC$；另一种 $ABCD$ 菱形中，$\angle ABC = 45°$，$\angle DAB = 135°$。图 8.7(c) 中也有两种基本菱形，菱形 $ABCD$ 中的 $\angle ABC = 36°$，$\angle DAB = 144°$；而菱形 $BEFC$ 中，$\angle BEF = 72°$，$\angle EFC = 108°$。图 8.7(d) 中则有 3 种基本菱形，一种为特殊菱形，即正方形 $EGHF$；另一种菱形 $ABCD$ 中，$\angle ABC = 30$，$\angle DAB = 150°$；在第三种菱形 $BEFC$ 中，$\angle BEF = 60°$，$\angle EFC = 120°$。而在图 8.7(e)、(f) 中，均具有 4 种基本菱形，图形较为复杂，菱形中的角度关系也很复杂，尽管用(e)、(f) 几何拼图可以拼出具 14 次、7 次对称轴的 Penrose 拼图，但是这类拼图没有准晶结构几何意义。

8.2.3　具有 5,8,10,12 次对称轴准晶结构的平面准点阵

分别运用图 8.7 中(a)、(b)、(c)、(d) 具有 5(L_{10}^5)、8、10、12 次对称轴的准晶平面格子中的菱形，可以按有规则的方式或无规则的方式拼出具有 5,8,10,12 次对称轴准晶结构的 Penrose 拼图，这些拼图与对应的准晶结构平面准点阵是一致的。因此，不难理解，准晶点阵（准晶 Penrose 拼图）与准晶结构模型十分相似，密切相关。

(1) 准晶结构的平面准点阵

图 8.8～图 8.11 表示的准晶结构平面准点阵分别由图 8.7 中的(a)、(b)、(c)、(d) 准晶平面格子与其所包含的菱形按 5,8,10,12 次对称轴及有关对称要素拼接而成。这些图形分别由两种或三种棱长相等、内角不等的菱形无间隙地拼满整个平面。

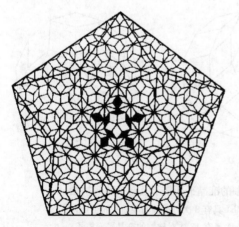 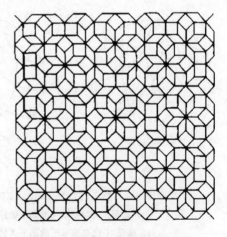

图 8.8　具有 5 次 (L_{10}^5) 对称轴的　　　图 8.9　具有 8 次对称轴的准晶
　　　　准晶几何点阵　　　　　　　　　　　　几何点阵

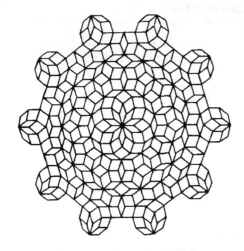 

图 8.10　具有 10 次对称轴的　　　　　　　图 8.11　具有 12 次对称轴的

准晶几何点阵　　　　　　　　　　　　　准晶几何点阵

（2）准晶结构的平面准点阵特点

准晶结构的平面准点阵（准晶 Penrose 数学拼图）的主要特点如下：

① 图 8.8～图 8.11 分别具有 5，8，10，12 次对称轴，图形具长程定向有序，但无平移周期。

② 图形由两种、三种基本菱形（平面）、菱面体（空间）按一定对称要素组合拼接而成，同一图形中不同菱形的棱长均相等，菱形的内角不等。4 种或 4 种以上的菱形虽也可拼接成 Penrose 拼图，但它们没有准晶结构几何意义。

③ 图 8.9 具有 8 次对称轴，可以确定有 4 个轴向 e_1，e_2，e_3，e_4；图 8.8、图 8.10 分别有 5，10 次对称轴，可以确定有 5 个轴向 e_1，e_2，e_3，e_4，e_5；图 8.11 具 12 次对称轴，可以确定有 6 个轴向 e_1，e_2，e_3，e_4，e_5，e_6。每种图形只要用确定各轴向上的棱长按准周期平移就可得到整个图形（点阵）。晶体点阵中只有 3 个轴向，平行六面体中 3 条棱长相等或不等（少数相等成为一种菱面体），沿 3 个轴方向平移得到整个点阵。

④ 旋转一周重复的次数称为对称轴次（n），重复时所旋转的最小角度称为基转角 α。基转角 α 为 $360°/n$。准晶中基转角为整数度，只是数值与晶体不同，列于表 8.1。

⑤ 准晶体中，对称轴是有限的，即 $5(L_{10}^5)$，8，10，12 次对称轴，不会出现 13 和 14 次以上的对称轴。

表 8.1　晶体、准晶体的对称轴

名称	符号	基转角(α)
1 次对称轴	L^1	360°
2 次对称轴	L^2	180°
3 次对称轴	L^3	120°
4 次对称轴	L^4	90°
5 次对称轴	L^5	72°
6 次对称轴	L^6	60°
8 次对称轴	L^8	45°
10 次对称轴	L^{10}	36°
12 次对称轴	L^{12}	30°

⑥ 准晶体与晶体的对称轴之间有着密切关系，我们可用公式 $\sqrt{2^k}$ 来表达（$k=0,2,4,6,8,10,12$），将 k 的各种值代入 $\sqrt{2^k}$ 可得到表 8.2。k 值与对称轴 $2,4,6,8,10,12$ 相关；$k/2$ 值与维数、轴向 $0,1,2,3,4,5,6$ 有关；$\sqrt{2^k}$ 值与空间格子中交点数及周易卦有关：太极（1）、两仪（2）、四象（4）、八卦（8）、十六卦（16）、三十二卦（32）、六十四卦（64）（括号中数值为空间格子中的交点数）。

表 8.2　$\sqrt{2^k}$ 与晶体、准晶体对称轴的关系

k	$\sqrt{2^k}$	$k/2$ 个轴向（维数）	周易卦	对称轴次
0	$\sqrt{2^0}=2^0=1$	$0/2=0$	太极（1）	1
2	$\sqrt{2^2}=2^1=2$	$2/2=1$	两仪（2）	2（L_2^1, L^2）
4	$\sqrt{2^4}=2^2=4$	$4/2=2$	四象（4）	4（L_4^2, L^4）
6	$\sqrt{2^6}=2^3=8$	$6/2=3$	八卦（8）	6（L_6^3, L^6）
8	$\sqrt{2^8}=2^4=16$	$8/2=4$	十六卦（16）	8（L_8^4, L^8）
10	$\sqrt{2^{10}}=2^5=32$	$10/2=5$	三十二卦（32）	10（L_{10}^5, L^{10}）
12	$\sqrt{2^{12}}=2^6=64$	$12/2=6$	六十四卦（64）	12（L_{12}^6, L^{12}）

⑦ 晶体与玻璃之间出现准晶体，从结构特点分析，准晶体偏向晶体，有严格数学上的位置序或统计学上的位置序，而在准晶体与玻璃之间可能还存在一种物态，可称之为准玻璃。

⑧ 具有某一对称轴的准晶几何点阵，中心部位拼图是唯一的，而向外扩展开后，拼图方式就不再是唯一的了。这一点反映出准晶体结构的复杂性，可能出现准晶与晶体过渡关系、准晶与玻璃过渡关系及准晶结构缺陷等。

⑨ 准晶的几何点阵（准晶的 Penrose 拼图），经傅里叶变换得到的衍射图与实

际电子衍射图相符合。准晶结构几何点阵与高分辨电子显微图吻合。

⑩ 准晶物质元素简单,所以准晶结构几何点阵与准晶结构模型十分相似。只需在图中的交点和菱面体的棱、面、中心安排好原子即可得到准晶结构模型。

⑪ 准晶的平面几何格子(菱形规则组合)在无限的准晶平面几何点阵图形中出现频繁,概率大,为主体图形,并包含有整个点阵图形的基本特点。

⑫ 每种准晶几何结构都有一定的对称要素组合及对称型。

⑬ 准晶结构几何点阵按准周期在欧氏空间重复,不同准晶结构中准周期的值不同。

⑭ 准晶结构可以用多标度分形描述,用两个或三个分数维值表征。

⑮ 含 5,8,10,12 次对称轴的准晶结构中,主体分数维图形的维值分别为 2.6652,2.7206,2.6652,2.6944。

8.3　准晶结构与 Penrose 拼图

8.3.1　Penrose 拼图的含义

Penrose 拼图与准晶结构密切相关,因此对 Penrose 拼图的研究迅速发展,含义也更新扩充。

英国数学家 R. Penrose 尝试用非周期的方法来铺砌平面,他用内角分别为 $36°$、$144°$、$72°$、$108°$ 的两种菱形、按一定的配合原则镶配在一起,在无穷的铺砌中两种菱形数之比恰好等于黄金分割值,约为 1.6180。因为这一比值是一无理数,所以不可能把这一铺砌结构分解成它所含的两种菱形个数均为整数个的单一结构单元。Penrose 拼图具有一般晶体点阵的长程取向排列,无周期平移序,但具有准周期平移序,出现了晶体中禁止出现的 5 次对称轴。英国的 A. L. Mackay 首先证明了 Penrose 铺砌结构可以应用于实际材料的研究工作,D. Levine 和 P. J. Steinhardt 提出了一种 3 维的 Penrose 结构,这种结构已证明与准晶体的结构有密切关系。与 2 维的 Penrose 铺砌结构相似,3 维 Penrose 铺砌结构也具有长程取向有序及准周期平移对称性,它还具有长程的二十面体对称性。这一对称方式与 2 维 Penrose 图案的长程 5 次对称方式非常相似。3 维铺砌结构的基本单元为两种菱面体。在一无限的 3 维 Penrose 铺砌结构中,一种菱面体数与另一种菱面体数的比值为黄金分割数。因而 3 维的 Penrose 铺砌结构与准晶体一样,不能用单一的结构单元来描述。有关 3 维 Penrose 铺砌结构的散射电子束或 X 射线的计算结果与准晶体实验结果是非常接近的。

最初的 Penrose 拼图仅局限于上述具有 5 次对称轴的情况。1984 年 D. Shechtman 等首次报道了在铝锰合金中发现了具有 5 次对称轴的准晶物质。解释这种准晶结构最常用的模型,就是具有 5 次对称轴的准晶 Penrose 结构模型。随着具有 8,10,12 次对称轴的准晶物质的发现,人们又开始设计出具有 8,10,12 次对称轴的 Penrose 拼图,并用这些拼图解释不同的准晶结构。这种准晶 Penrose 结构模型能比较满意地解释许多问题,特别是在具有多重分数维有规、无规自相似性生长的准晶结构研究中,但其最大的缺点是缺乏结晶学意义,很有必要深入讨论。

Penrose 拼图的概念有一个发展过程。最初只是一种数学游戏,由于图形具有黄金分割的天然美,人们开始用于作拼墙纸图案。A. L. Mackay 首先将其用于解释实际材料研究中。准晶物质的发现,使得 Penrose 拼图充满了活力,Penrose 拼图比较满意地解释了具有 $m\overline{3}5$ 对称性的二十面体准晶结构。具有 8,10,12 次对称性准晶物质的发现,使得原有的 Penrose 拼图远不够用了,Penrose 拼图范围必须扩大,概念也需更新。

1986 年以来,作者在研究准晶结构模型的同时,研究了 Penrose 拼图和准晶结构与 Penrose 拼图的内在联系。

(1) Penrose 拼图的狭义概念

狭义的 Penrose 拼图是指用两种棱长相等、内角分别为 36° 和 144° 与 72° 和 108° 的菱形铺砌成为具有 5 次对称轴的拼图。这种概念有很大的局限性,实际上人们现在引用 Penrose 拼图时已超出这一概念,但没有一个明确的统一的定义。

(2) Penrose 拼图的广义概念

作者认为比较明确的定义应该是,平面 Penrose 拼图是两种或两种以上的棱长相等、夹角不等的菱形铺砌满整个平面的图形;空间 Penrose 模型是两种或两种以上的棱长相等、多面角不等的菱面体堆砌满整个空间的几何模型。

这种拼图或模型具有无数种,图形的对称规律也很复杂,对称型组合也有很多,可以出现在晶体中没有,甚至准晶体都没有的对称型组合,如具有 7 次和 9 次对称轴的对称型组合,其 Penrose 拼图如图 8.12 所示。

从一系列 Penrose 拼图看,仅改变拼图的基本菱形的位置或方位,可使拼图从数学上严格的有规自相似性逐渐转变为统计意义上的无规自相似性对称组合规律不变。若改变拼图中某些基本单元的位置或方向,则可得到新的拼图和一些新的对称组合规律。Penrose 拼图可以是周期性的也可以是准周期性的。

准晶的对称型是有限的,与准晶结构有关的 Penrose 拼图也是有限的。

通过推导具有 5,8,10,12 次对称轴的准晶几何格子、准晶点阵,作者认为准晶点阵结构与 Penrose 拼图是相一致的,由于目前所发现的准晶绝大多数由两三种元素组成,因此 Penrose 拼图(准晶点阵)与准晶结构十分相似。

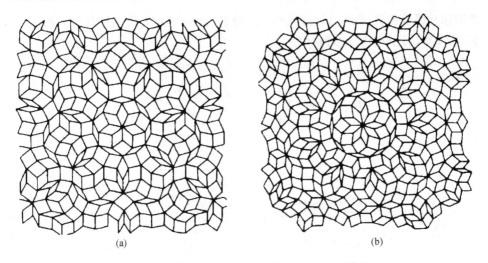

图 8.12　具有 7 次和 9 次对称轴的 Penrose 拼图

(a) 7 次对称轴；(b) 9 次对称轴

(3) 具有 2,3,4,6 次对称轴的 Penrose 拼图

晶体中不允许出现 5,8,10,12 次对称轴,而准晶体中除了出现特有的 5,8,10,12 次对称轴以外,还会出现 2 次和 3 次对称轴,甚至可能出现 4 次和 6 次对称轴。如果 Penrose 拼图与准晶结构关系十分密切的话,那么用两种或两种以上的棱长相等、内角不等的菱形就可按 2,3,4,6 次对称轴的规律,得到铺砌满整个平面的 Penrose 拼图。

8.3.2　具有 2, 3, 4, 5, 6, 8, 10, 12 次对称轴的 Penrose 拼图

① 选用内角分别为 45°、135°的菱形以及正方形,可拼出与 8 次对称性 Penrose 拼图有关的具有 2 次和 4 次对称性的 Penrose 拼图。图 8.13 为与 8 次对称性 Penrose 拼图有关的基本菱形和基本结构单元。

② 选用内角分别为 36°和 144°及 72°和 108°有关的菱形,可拼出与 10 次对称性 Penrose 拼图有关的具有 2 次和 5 次对称性的 Penrose 拼图。图 8.14 为与 10 次对称性 Penrose 拼图有关的基本菱形和基本结构单元。

③ 选用内角分别为 30°和 150°及 60°和 120°的菱形以及正方形,可拼出与 12 次对称性 Penrose 拼图有关的具有 2,3,4,6 次对称性的 Penrose 拼图。图 8.15 为与 12 次对称性 Penrose 拼图有关的基本菱形和基本结构单元。

④ 二十面体准晶是一种 3 维准晶,它的结构模型和 Penrose 拼图与 2 维晶体结构模型和 Penrose 拼图明显不同。Mackay 把 2 维 Penrose 图形推广到 3 维空间,构成了 3 维 Penrose 堆砌,堆砌是由内角为 63.43°和 116.57°的菱形构成的偏

菱面体和厚菱面体(图 8.16)拼成的。这种 Penrose 堆砌可拼出具有 $6L^5 10L^3 15L^2$ 和 $6L^5 10L^3 15L^2 15PC$ 的对称型。

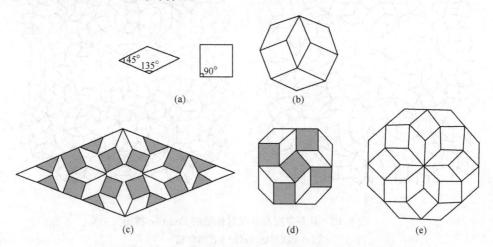

图 8.13　与 8 次对称轴有关的 Penrose 拼图的基本菱形和基本结构单元

(a)基本菱形;(b)基本结构单元;(c)2 次对称轴拼图的中心部分;

(d)4 次对称轴拼图的中心部分;(e)8 次对称轴拼图的中心部分

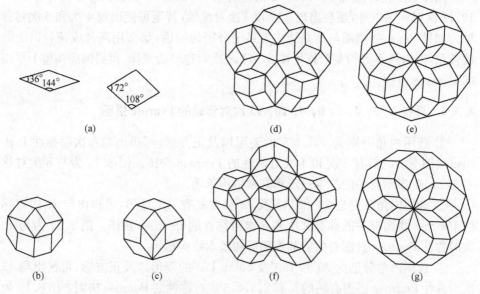

图 8.14　与 10 次对称轴有关的 Penrose 拼图的基本菱形和基本结构单元

(a)基本菱形;(b)5 次对称轴基本结构单元;(c)10 次对称轴基本结构单元;

(d)5 次对称轴拼图的中心部分(1);(e)2 次对称轴拼图的中心部分;

(f)5 次对称轴拼图的中心部分(2)(g)10 次对称轴拼图的中心部分

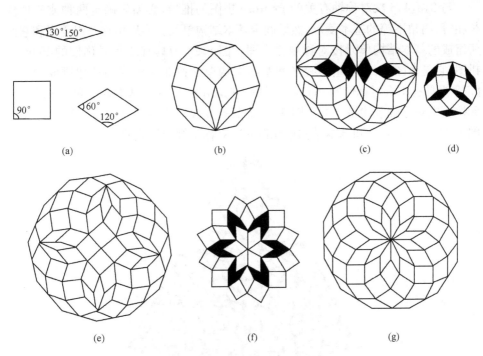

图 8.15　与 12 次对称轴有关的 Penrose 拼图的基本菱形和基本结构单元

(a)基本菱形;(b)基本结构单元;(c)2 次对称轴拼图的中心部分;

(d)3 次对称轴拼图的中心部分;(e)4 次对称轴拼图的中心部分;

(f)6 次对称轴拼图的中心部分;(g)12 次对称轴拼图的中心部分

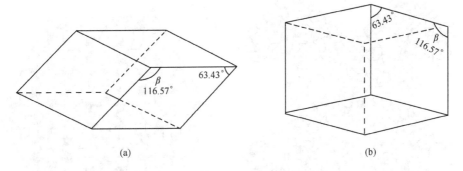

图 8.16　二十面体准晶 Penrose 模型的菱面体

(a) 偏菱面体;(b) 厚菱面体

8.3.3　准晶体结构中的 Penrose 拼图

我们已推导并拼出了与 5,8,10,12 次对称轴有关的准晶结构 Penrose 拼图,下面我们着重推导并拼出与 2,3,4,6 次对称轴有关的准晶结构的 Penrose 拼图。

与 2,3,4,6 次对称轴有关的 Penrose 拼图的推导,必须先确定两种或三种棱长相等、内角不等的基本菱形,然后确定基本结构单元。最后用这一组菱形和它们所组成的基本结构单元按对称规律拼图。图 8.17 为具有 3 次对称性的 Penrose 拼图,它是由图 8.15 中基本菱形和基本结构单元按 3 次对称轴规律拼成的。图 8.18 为具有 4 次对称性的 Penrose 拼图,它是由图 8.13 中基本菱形和基本结构单元按 4 次对称轴规律拼成的。图 8.19 为具有 6 次对称性的 Penrose 拼图,它是由图 8.15 中基本菱形和基本结构单元按 6 次对称轴规律拼成的。

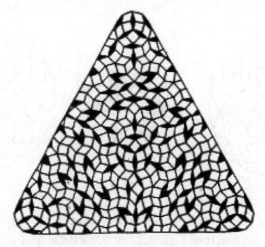

图 8.17　具有 3 次对称轴的 Penrose 拼图

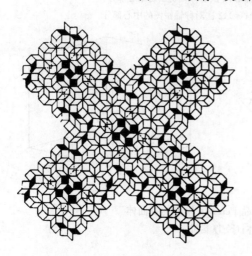

图 8.18　具有 4 次对称轴的
Penrose 拼图

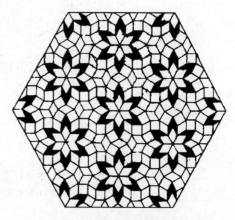

图 8.19　具有 6 次对称轴的
Penrose 拼图

8.3.4　与准晶结构有关的 Penrose 拼图的特征

（1）几何 Penrose 拼图

这种 Penrose 拼图一般指由两种或两种以上棱长相等、内角不等的基本菱形按数学上严格有规自相似性铺砌而成的图形。纯数学意义上的 Penrose 拼图可有无数种，若考虑到基本结构单元的转动换位就更多了，它具有无限性。

（2）实际准晶结构的 Penrose 拼图

① 实际准晶结构并非理想的或数学上的 Penrose 拼图，而是统计意义上的无规自相似性拼图。即使 Penrose 拼图中出现基本菱形或基本结构单元的位置、方向变化，甚至错排、缺陷等也是允许的，这样更符合实际准晶体特征。

② 准晶中的 Penrose 拼图是有限性的，并不是所有 Penrose 拼图都对应一种准晶结构模型，但准晶结构模型都可以找到一种与之对应的 Penrose 拼图。

③ 准晶 Penrose 拼图的对称性：

a）8 次对称性 Penrose 拼图包含的菱形组合除 8 次对称轴 Penrose 拼图外，还可以拼出具有 2,4 次对称性的 Penrose 拼图，这里包括有一种数学规律的内在联系。即与 8 的约数 1,2,4,8 有关的对称性的 Penrose 拼图都可由同一组菱形铺砌而成。

b）10 次对称性的 Penrose 拼图包含的菱形组合，除 10 次对称轴 Penrose 拼图外，还可以拼出具有 2 次和 5 次对称性的 Penrose 拼图。即与 10 的约数 1,2,5,10 有关的对称性的 Penrose 拼图都可以由同一组菱形铺砌而成。

c）12 次对称性的 Penrose 拼图包含的菱形组合，除 12 次 Penrose 拼图外，还可以拼出 2,3,4,6 次对称性的 Penrose 拼图。即与 12 的约数 1,2,3,4,6,12 有关的对称性的 Penrose 拼图都可以由一组菱形铺砌而成。

d）与二十面体对称有关的 Penrose 拼图，由两种菱面体堆砌而成，这一对称中出现的对称组合则与 3 维空间有关，其图形复杂，必须依赖计算机绘制。

④ 新准晶体发现的可能性。通过对准晶结构、对称规律的理论分析，以及对 Penrose 拼图特征的深入探讨，作者认为还会发现一些新的对称型准晶。如

a）具有 5 次对称轴的 2 维准晶；

b）具有 3,4,6 次对称轴的准晶；

c）具有复杂成分（如天然矿物中）的准晶等。

Penrose 拼图从数学游戏发展到与物质结构，特别是准晶结构密切相关，无疑是一大飞跃。但也必须看到，仅仅停留在用 Penrose 拼图解释准晶结构是很不够的。它像是一把钥匙，给我们打开了准晶结构研究的大门，但还有一个更为广阔的天地等待着人们去开拓。

8.4　准晶结构的分数维特征

8.4.1　分形和分数维

自然界中许多事物,具有自相似的分形结构。简单分形的每一个单元均由 N 个相同的亚单元所构成,而 N 个大单元又可拼构成一个更大的单元等,每一级图案都有一些其大小与该级的尺度成比例的洞。这个形态具有"尺度不变性",即每一级图案中其直径为整体直径 $1/\varepsilon$ 的任一部分看起来都完全类似于整体结构。尺度不变性是分形的伸缩对称性。简单的分形量度可用一个称为分数维的数来表示。用单个分形维数来描述较为复杂的自然现象形成的复杂分形是不够的,一个分形的几何特征通常需要用一种多标度分形谱来描述,或用多个分形维数值来表征。多标度分形理论建立了分形体的局域标度特性与分形总体特性的关系。1985年,彭志忠教授首先将分数维概念引入矿物学研究领域,并将其应用在准晶结构的研究和解释之中。本书作者在此基础上分析了已发现的准晶结构中的多重分数维结构的特征,计算出了自相似性比例因子、多重分数维结构的维数值及准晶结构的准周期,论证了准晶结构多重分数维图形(多标度分形)的特征:主体部分为分数维模型,分数维模型空洞部分的规则或非规则充填也符合分数维图形。

在千变万化的自然世界中,经常涉及两大类实空间中有规律的结构具有平移不变性的周期结构和具有标度不变性的自相似结构。自相似性通常划分为两大类:统计意义上的无规自相似和数学上严格的有规自相似。自然界无规自相似的例子比比皆是,如宇宙中的物质分布、漫长的海岸线、高分子聚合物等。对于有规自相似,一个世纪前,在数学上人们就曾涉及,如著名的"康托"线段、处处连续处处不可微分的 Koch 雪花等。

分形大致可分为线状分形、平面分形和体积分形 3 类,它们统称为几何分形。事实上,可以统一定义一个维数 D_q,它是依赖于参数 q 的量,即

$$D_q = 1/(q-1)\lim(\log\sum P_i^q/\log\varepsilon)$$

式中,P_i 为一定区域结构单元重复数。当 $q=0,1,2$ 时,D_q 分别等于分维 D_0,信息维 D_1,关联分维 D_2,即

$$D_0 = \lim(\log N(\varepsilon)/\log\varepsilon)$$

$$D_1 = \lim(\log\sum P_i\ln P_i/\log\varepsilon)$$

$$D_2 = \lim(\log C(\varepsilon)/\log\varepsilon)$$

以上公式是多标度分形研究中被广泛采纳和使用的公式。它们构成了多标度分形理论的主要内容。

从准晶结构特征看,它具有准周期的平移对称,具有晶体中禁止出现的 5,8,

10,12 次旋转对称和标度对称、伸缩对称及自相似性。准晶结构的几何图形是具有特殊旋转对称和标度对称、伸缩对称以及自相似性的多标度分形。准晶结构既具有数学上严格的有规自相似（如正二十面体与正十二面体共轭生长的分数维模型部分），又具有统计意义上的无规自相似性（双八面体充填结构部分，图 8.24）。

8.4.2　准晶结构中的分数维图形

准晶结构与分数维模型有密切关系，它可以看成由两部分组成。主体部分为分数维模型，另一部分为分数维模型的空洞部分的有规则充填或无规则充填。我们认为，把准晶结构看成简单的分数维结构或者就是 Penrose 拼图是不完整的。前者考虑问题时遗漏了准晶结构中许多结晶学点，而后者考虑问题时则有一些几何点没有结晶学意义。准晶结构中主体分数维图形部分具有分数维几何图形的一切特征。同样，空洞部分的有规或无规充填的图形部分也具有分数维几何的一切特征。综合上述两部分特征，准晶具有自相似性长程定向有序，具有平移准周期，是多重分数维图形。

图 8.20～图 8.23 分别为具有 8，$5(L_{10}^{5})$，10，12 次对称轴的准晶体的分数维结构，正八边形图 $abcdefgh$、正十边形图 $abcdefghij$、正十边形图 $abcdfeghij$、正十二边形图 $abcdefghijkl$ 分别为基本结构单元（准晶格子），放大（或缩小）$1+2\cos45°$（或 $1+\sqrt{2}$）倍、$1+2\cos36°$［或 $1+(\sqrt{5}+1)/2$］倍、$1+2\cos30°$（或 $1+\sqrt{3}$）

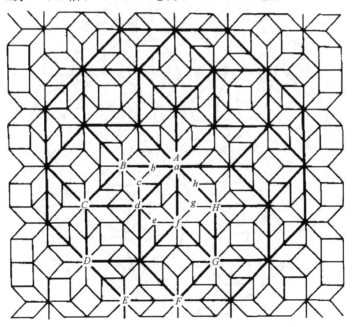

图 8.20　具有 8 次对称轴准晶体的分数维结构

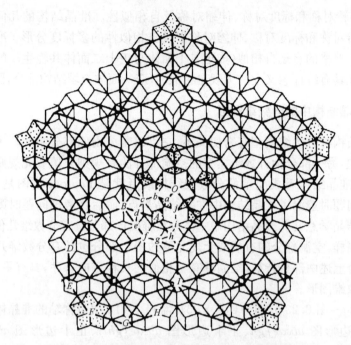

图 8.21　具有 5 次对称轴准晶体的分数维结构

图 8.22　具有 10 次对称轴准晶体的分数维结构

图 8.23　具有 12 次对称轴准晶体的分数维结构

倍,就可以分别得到正八边形图 *ABCDEFGH*、正十边形图*ABCDEFGHIJ*、正十边形图 *ABCDEFGHIJ*、正十二边形图 *ABCDEFGHIJKL*。准晶体结构是三度空间的多重分数维,5(L_{10}^5),8(L_8),10(L_{10}),12 次(L_{12})对称轴准晶体的分数维结构图形的自相似性比例因子,可以通式 $r = 1 + 2\cos(360°/n)$ 表示,式中,n 为对称轴次数。把这些准晶格子(基本结构单位)按各自的自相性似比例因子 r 放大(或缩小),并作相应对称轴次操作,即可分别得到准晶体的分数维结构图形。

8.4.3　准晶结构中分数维图形的维数值计算

分数维与普通维的区别在于它不是整数,而是用分数表示的。分数维的维数值是分数维图形的重要表征参数,具有自相似性分数维图形的维数值计算公式为

$$D = \log N / \log r$$

式中,r 是图形自相似性比例因子;N 是图形包含基本单位的个数。r 越大,N 就越大。

在准晶体结构的分数维中,自相似性比例因子 $r = 1 + 2\cos(360°/n)$,在 5,8,10,12 次对称轴准晶体分数维图形中,N 分别是 13,11,13,15。因此,准晶体结构中的分数维图形的分数维值可分别用下面的公式求出:

$$D = \log N / \log[1 + 2\cos(360°/n)]$$

5,8,10,12 次对称轴准晶结构中分数维结构的维数值分别为

$$D_{5次}=\log 13/\log(1+2\cos 36°)=\log 13/\log 2.6180=2.6652$$

$$D_{8次}=\log 11/\log(1+2\cos 45°)=\log 11/\log 2.4142=2.7206$$

$$D_{10次}=\log 13/\log(1+2\cos 36°)=\log 13/\log 2.6180=2.6652$$

$$D_{12次}=\log 15/\log(1+2\cos 30°)=\log 15/\log 2.7320=2.6944$$

8.4.4　准晶结构的准周期

作者认为,准晶体是具有准周期的晶体,准晶体结构的准周期性直接受到自相似性比例因子限定,可以用 $1+2\cos(360°/n)$ 和 $2\cos(360°/n)$ 的通式表示。

5,8,10,12 次对称轴准晶体结构准周期分别与下面参数有关:

$1+2\cos 36°,2\cos 36°$,即 $1+(\sqrt{5}+1)/2\approx 2.6180,(\sqrt{5}+1)/2\approx 1.6180$

$1+2\cos 45°,2\cos 45°$,即 $1+\sqrt{2}\approx 2.4142,\sqrt{2}\approx 1.4142$

$1+2\cos 36°,2\cos 36°$,即 $1+(\sqrt{5}+1)/2\approx 2.6180,(\sqrt{5}+1)/2\approx 1.6180$

$1+2\cos 30°,2\cos 30°$,即 $1+\sqrt{3}\approx 2.7320,\sqrt{3}\approx 1.7320$

8.4.5　共轭准晶结构模型的多标度分形特征

大多数分数维图形都是复杂的分形,所以不能简单地用一个分数维来表征。准晶体结构是一种较为复杂的分形,这种分形需用 2 个或 3 个分形的维数值来表征。以含有 5 次对称轴的共轭准晶结构模型为例,我们计算了准晶结构的双标度分数维值。

现在,先来回顾一下正二十面体和正十二面体共轭生长的准晶结构模型的构筑原理。

大小相近的原子倾向于形成正二十面体 (a_0) 配位;再将二十面体 (a_0) 看成球体,那么符合 $m\overline{35}$ 对称的理想堆垛方式是以变形的二十面体 (a_0) 共角顶连接的,形成大一级的正二十面体 (a_1)。继续按照这一规律连接将不断形成更大一级的正二十面体 $a_2,a_3\cdots a_n$。实质上,这一模型可以看成正二十面体与正十二面体共轭生成的结果。此模型是理想共轭分数维模型,只有在这一模型的各级双八面体空洞中对应充填 $a_0,a_1,a_2,a_3\cdots$ 或微小"晶块"(图 8.24)之后,才能形成含 5 次轴的准晶结构模型,简称共轭结构模型。

共轭准晶结构模型是多重分数维图形,它是正二十面体与正十二面体共轭生长的分数维图形与该模型中分数维分布的各级双八面体空洞中充填 $a_0,a_1,a_2\cdots$ 及微小"晶块"之后,形成的含 5 次对称轴的准晶结构模型。这一准晶结构模型可以用多标度分形描述,用两个分数维值来表征。

正二十面体与正十二面体共轭生成的分数维图形中,在第二级图形中 $r_2=$

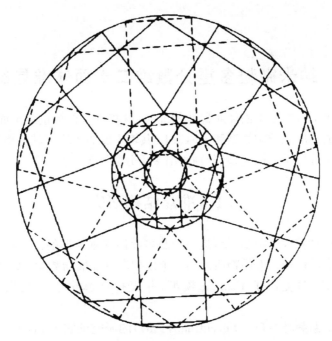

图 8.24　共轭准晶结构模型中分数维分布的双八面体分形简图

$2.6180 \times 2.6180 \approx 6.8539$，$N_2 = 13 \times 13 = 169$，所以

　　$D(共轭) = \log N_n / \log r_n = \log 169 / \log 6.8539 = 2.2279/0.8359 = 2.6652$

　　双八面体分数维分布的特点，$r_2 = 2.6180 \times 2.6180 = 6.8539$，$N_2 = 20 \times 13 = 260$，所以

　　$D(双八面体) = \log N_n / \log r_n = \log 260 / \log 6.8539 = 2.4150/0.8359 = 2.8891$

　　用分数维值 2.6652 和 2.8891 可以表征共轭准晶结构模型的多标度分形特征。

第9章 纳米微粒多重分数维二十面体准晶结构模型

作者提出了具有二十面体对称性的准晶结构模型,包括正二十面体与正十二面体共轭生成的准晶结构模型和 Al-Cu-Li 共轭生成的大块准晶结构模型;探讨了纳米微粒多重分数维结构模型,分别给出多重分数维表征值。

9.1 准晶结构研究

准晶体最早发现于 1928 年,是一种凸多面体规则外形的固态物质,而晶体物质不具有五次对称轴。准晶物质的第一个模型产生于堆砌数学,英国物理学家麦凯(Mackay,1982)提出了 Penrose 模型,并模拟计算出了准晶物质的衍射峰谱图。

丹尼尔·谢赫特曼(D. Shechtman,1984)的研究证实了 Penrose 模型的合理性,采用电子显微镜观察到了对称点群为 $m\overline{35}$ 的 20 面体金属相,不同于晶体的点阵平移。科学家们(张泽,1985;Levine et al,1984;Bancel et al,1985)分别在 Al-Mn 和 Ti-Ni-V 合金中发现众多稍微畸变了的二十面体原子团簇,但是仍然具备长程有序的特点。Penrose 模型不能解释这种准晶体中的大量无序现象,在此基础上,美国科学家史蒂芬(Stephens et al.,1991)发展了二十面体准晶结构的玻璃模型,它消除了匹配规则的必要性,对准晶体生长提出了一个较合理的解释:无序现象很相似于衍射图中峰加宽显示的无序现象。综合两种模型的特点,无规则堆砌模型认为 Penrose 模型的严格匹配规则不一定非得遵守,只要在结构中没有间隙就可以不考虑那些规则,从而推测出非常完全的明锐衍射峰,其结果与有序化的同类类似。

陈敬中(1992,1993)提出了"纳米微粒多重分数维准晶结构模型",2011 年陈瀛、龙光芝、陈敬中等完成了该模型研究,这种模型既含有上述几类模型的优点,也克服了它们的缺点,使其更为符合凝聚态物理、分数维几何学、纳米科学、晶体结构和晶体化学等多种理论,是一种理想的准晶结构模型。

他们结合 3 维、2 维准晶体的基本特征,选取了合适角度的两三种菱形组合准晶胞,设计了具有 5、8、10、12 次对称性的 3 维、2 维准晶模型,提出了纳米微粒多重分数维准晶结构模型,并分别给出多重分数维表征值。论证了纳米微粒多重分数维准晶结构模型是一种理想的新型金属纳米材料的准晶结构模型。

9.2　二十面体类的准晶生长和准晶结构

9.2.1　二十面体准晶的生成条件

准晶物质是一些金属元素、少数非金属元素组合在一种特殊物理化学条件下形成的。

以二十面体类准晶物质为例，"纳米微粒多重分数维二十面体准晶结构模型"生成条件主要有下面几点应该满足：

① 二十面体类准晶体生长时，参加凝聚结合的元素应是简单的和数目不多的原子构成的独立体系。

② 主要元素的原子半径大小相近，配位原子半径 R 与中心原子半径 r 之间的最理想比值为 $0.9021 \sim 1.1085$，如 $R_{Al}/r_{Mn} = 0.1432/0.1300 = 1.1015$，$r_{Mn}/R_{Al} = 0.1300/0.1432 = 0.9078$。

③ 凝聚结合时的物理化学条件应介于结晶物质与玻璃物质形成条件之间，冷却速度既不像结晶物质那样慢也不像玻璃物质那样快，而应在结晶态与玻璃态转变条件的狭小范围内靠近结晶条件一侧。

④ 具有正二十面体点群对称 $m\overline{35}$ 的准晶物质，由于原子排列不具备平移周期对称特点，当按 $m\overline{35}$ 排列的空间尺寸以单一分形方式生长增大时，伴随着结构中空洞也在不断地增大，从而逐步破坏了准晶结构的稳定性，使结构失去 $m\overline{35}$ 对称，所以准晶粒度一般都在微米级。

⑤ 准晶体在凝聚结合生长过程中，是很容易出现空洞的。为了使晶格能量尽可能小、结构尽可能稳定，凝聚过程中留下的空洞尺寸应尽量小，只有当空洞中随时充填相应的原子、原子团，准晶结构才会稳定或亚稳定。这种空洞充填物质的形状应尽量以简单、稳定的正多面体为好，如正八面体和正四面体。这类充填物是纳米级的微粒，这种充填空洞微粒的分布规律具有分形（分维）特征，符合 $m\overline{35}$ 点群对称的特点。

⑥ 在一定条件下，即使是缓冷过程，也能生成大块准晶（1cm 左右），如 Al-Cu-Li 生成的大块准晶，Li 原子充填初期基本结构单位中的空洞，新的基本结构单位扩大了近 400 倍。

9.2.2　二十面体准晶对称轴之间的夹角

Al-Mn 准晶体的透射电子显微镜研究结果表明，对称轴之间的夹角为

$$L_{10}^5 \wedge L_{10}^5 = 63.43°, L_6^3 \wedge L_6^3 = 41.81°, L^2 \wedge L^2 = 36°, L_{10}^5 \wedge L_6^3 = 37.38°,$$
$$L_{10}^5 \wedge L^2 = 31.72°, L_6^3 \wedge L^2 = 20.90°$$

对称要素为 $6L_{10}^5 10L_6^3 15L^2 15PC$。

　　二十面体准晶物质具有 $m\overline{3}5$ 点群,与正二十面体对称完全一致。图 9.1 表明,准晶体对称轴的夹角与二十面体对称轴的夹角完全一致。图 9.2 为二十面体准晶 $m\overline{3}5$ 点群的赤平投影图。

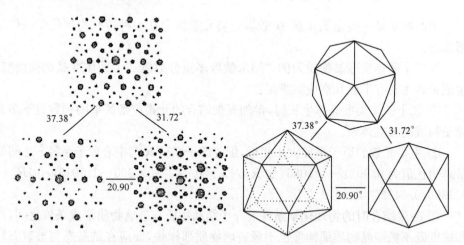

图 9.1　二十面体准晶的对称轴间的夹角与正二十面体相应的对称轴间夹角

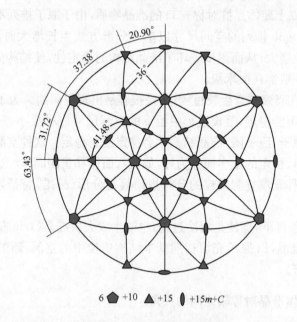

图 9.2　$m\overline{3}5$ 点群的赤平投影

　　这类准晶体可以看成是以两种原子半径近似相等的元素为主,形成 12 次配位的正二十面体。这些正二十面体配位结构单位按 $m\overline{35}$ 点群对称,在微米级、甚至毫米级范围内自相似性排列成更大级别正二十面体。

9.2.3　正二十面体基本连接方式

下面讨论正二十面体之间几种连接方式:等大的正二十面体之间有共角顶、共棱、共面 3 种基本连接方式,如图 9.3 所示。

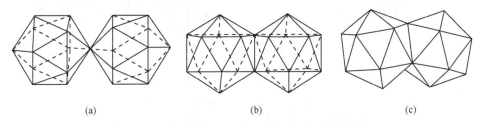

(a)　　　　　　　　　　　(b)　　　　　　　　　　　(c)

图 9.3　两个等大正二十面体的 3 种基本连接方式
(a) 共角顶;(b) 共棱;(c) 共面

从结晶学原理知道,配位多面体相连接时,中心原子之间的距离应尽可能远一些为好。就两个多面体连接而言,共角顶连接方式是较为合理的,其次为共棱连接方式,共面连接的结构单元是最不稳定的。这一原理在准晶体结构研究时也是可以借鉴的。

从理论上可计算出共角顶、共棱、共面的两个正二十面体的中心原子间最大的距离分别为 $1.90210a$,$1.6180a$,$1.3210a$(a 为配位原子之间的距离,即正二十面体的棱长)。准晶物质的结构是一种准稳定(亚稳定)结构。正二十面体共面连接是极不稳定的,而且堆垛结果不能满足对称要求。彭志忠在评价 Hiraga 模型时认为,共棱连接方式从结晶学上分析仍存在缺点,计算证明,如每一个配位原子都有另一个配位原子与之距离仅为 $0.6180a$,在 Al-Mn 准晶中就会出现 $0.2864 \times 0.6180 = 0.1770nm$ 的距离,这是很不合理的。

因此可以认为,正二十面体共角顶连接是一种比较理想的模型,是与实验结果比较符合的凝聚结合方式。

9.2.4　正二十面体与正十二面体相互共轭生长关系

正十二面体与正二十面体互为共轭正多面体。正十二面体的共轭正多面体是以它的十二个面的中心为角顶连接起来的正二十面体;正二十面体的共轭正多面体是以它的二十个面的中心为角顶连接起来的正十二面体。

从立体几何原理上看,正十二面体与正二十面体是共轭正多面体;从分形几何原理上看,其符合分形和多重分形生长机理;这种密切关系保证了自相似放大或缩小的过程中模型的对称性不变,原子分布的空间位置是合理的。可以很容易形成正十二面体与正二十面体共轭生长分数维结构模型,这也是纳米微粒多重分数维准晶结构的框架主结构。图 9.4 表示出了正十二面体与正二十面体之间的共轭关系。

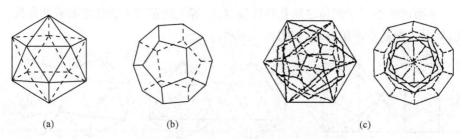

图 9.4　正十二面体与正二十面体之间的共轭关系
(a) 正二十面体;(b) 正十二面体;(c) 正十二面体、正二十面体之间的共轭

正十二面体与正二十面体共轭生长的准晶结构模型,具有纳米微粒多重分数维特征,主体结构具有有规自相似性,填充结构则具有有规或无规自相似性。

9.3　二十面体准晶结构模型设计原则

D. Shechtman 等提出了准晶体是二十面体配位之间以共棱方式相连接无序排列的设想,D. Levine 等用 3 维 Penrose 拼图解释准晶结构,获得了一些满意结果;K. Hiraga 等提出了一个 12^n 二十面体 3 维聚合模型。彭志忠于 1988 年提出了微粒分数维准晶结构模型,主要认为准晶结构具有分数维特征,但准晶微粒大小在微米级。

上述几种结构模型中,3 维 Penrose 拼图更为理想一些,但其数学拼图缺少结晶学意义。

1993 年陈敬中提出的纳米微粒多重分数维准晶结构模型是一大进展,2002 年,陈敬中在参加"法国准晶结构讨论大会"上,对"纳米微粒多重分数维准晶结构模型"作了进一步阐述。

二十面体与十二面体共轭生成的纳米微粒多重分数维准晶结构模型(图 9.5)设计的构筑原理如下:

① 大小相近的原子形成的最理想的独立配位是二十面体配位(a_0)。

② 以这个二十面体(a_0)的外接球作为单位,那么它们最理想的聚合方式是生成大一级的二十面体(a_1)"配位"球,二十面体(a_0)之间共角顶连接时为适应大一级的二十面体(a_1)生成,而作相应调整变形。

③ 将得到的大一级二十面体(a_1)的外接球作为新单位,最合理的聚合方式仍

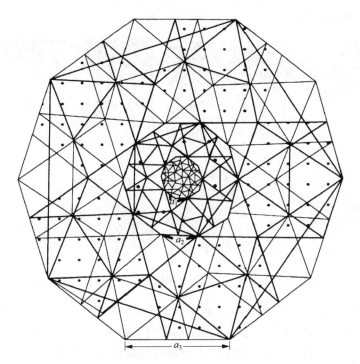

图 9.5　二十面体与十二面体共轭生成的纳米微粒多重分数维准晶结构模型

然是生成更大一级的二十面体(a_2)"配位",二十面体 a_1 之间共角顶连接时为适应大一级二十面体(a_2)生成而作相应变形。

④ 按这一规律多次聚合,将形成具有"二十面体准晶的纳米微粒多重分数维准晶结构模型"。

⑤ 这种模型可以看成是二十面体与十二面体的共轭生长,图形具有多重分数维特征。

⑥ 自相似性比例因子为 $1+2\cos36°$,即 $1+(\sqrt{5}+1)/2=2.6180$。

⑦ 分数维图形中的双八面体空洞部分的分布规律也符合分数维,可用相对应的 $a_0,a_1,a_2,\cdots,a_{n-1}$ 结构单位充填,这种结构单位是从几个纳米不断生长,最后形成几十个纳米的微小的"团块"、"晶块"。

⑧ 具有二十面体类准晶结构的主体模型,反映出准晶体有规则自相似性分数维特征(分数维值为 $2.6652\cdots$)。而双八面体充填的结果,除了反映出准晶体的基本特征外,还体现出准晶体的有规则自相似性或无规则自相似性,也具有分数维特征(分数维值为 $2.8891\cdots$)。因此,二十面体与十二面体共轭生成的准晶结构模型可用纳米微粒多重分数维表征。

图 9.6 是日本 Hiraga 教授于 1987 年拍摄的二十面体准晶的高分辨电子显微

镜像与电子衍射花样。

图 9.6　二十面体准晶的高分辨电子显微镜像与电子衍射花样(Hiraga,1987)

　　二十面体与十二面体以相互共轭生长的方式,可以生成具有纳米微粒多重分数维特征的准晶结构模型。这种准晶结构模型的对称性与 Penrose 拼图的对称性是密切相关的。这种准晶结构模型,可以很好地解释 Al-Mn 准晶体的电子显微镜高分辨结构图,以及 Penrose 拼图与准晶体的电子显微镜高分辨结构图的密切关系。

　　这种纳米微粒多重分数维准晶结构模型中原子堆积密度为 0.7212,介于立方面心堆积密度 0.7405 与立方体心堆积密度 0.6882 之间,是一种分形框架状结构,在其分形孔洞中充填不同级别但缺陷明显的纳米微粒,这种结构形成后会具有很好的稳定性。

9.4　二十面体与十二面体共轭分数维模型

　　根据模型绘制出 Al-Mn 合金中 a_0 二十面体共角顶连接成 a_1 二十面体的结构单位,如图 9.7 所示。在数学上,这种二十面体共角顶连接处不是一个数学点,存在一微小误差,经计算误差仅为 0.0013nm,相对误差仅为 0.0006nm。从结晶学的角度看,原子半径最大调整量为 0.001nm,这在准晶结构之初是完全允许的,也是不困难的。

　　实际上,a_0 二十面体共角顶连接成 a_1 二十面体结构单位时,只需 a_0 作相应变形调整;a_1 以共角顶连接成 a_2 时,只需 a_1 作相应变形调整……,共角顶连接处就可成为一个没有误差的结晶学点。按此规律生成分数维准晶结构模型,这种模型的对称性符合 $m\overline{35}$ 对称,Al-Al、Al-Mn 键长保持不变。这种结构模型也可以看成

a_0（正二十面体）与 b_0（正十二面体），a_1 与 b_2……共轭生成的结构模型，简称共轭分数维模型。

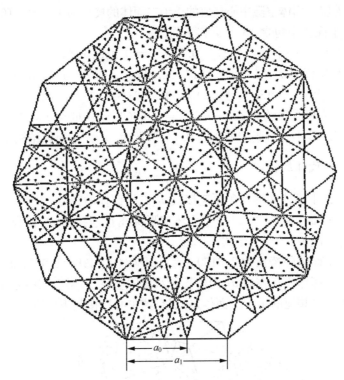

图 9.7　Al-Mn 合金中 a_0 二十面体（变形）共角顶连接成 a_1 二十面体（共轭分数维模型 a_1）

9.4.1　a_1 二十面体的特点

a_1 二十面体的特点如下：

① a_1 二十面体中，a_0 二十面体共角顶连接时，需作适当变形调整，使符合 a_0 二十面体球按二十面体"配位"的理想聚合形式生成 a_1 二十面体，保持晶格能量较低，结构较稳定。

② a_1 二十面体中只存在以 a_0 为棱长的八面体空隙，它们分布在中心 a_0 二十面体周围，分为两层，内层 20 个八面体中心连接起来得到与中心 a_0 二十面体共轭的正十二面体，外层 20 个八面体中心连接起来也得到一个正十二面体，这些分形特征规律分布的空隙中比较容易充填一些半径与之相适应的原子，有利于准晶结构的稳定。

③ 各原子之间的距离十分合理，这也是准晶结构稳定的有利因素。

④ a_0 二十面体棱长（Al-Al）为 0.2864nm，a_1 二十面体棱长为 2.6180a，即

$0.9511a_0 \times 2.6180 \times 0.10515 = 2.6180 \times 0.2864 = 0.7498$nm。

⑤ 内层八面体空隙中心连成的正十二面体的棱长为 $1.6180a_0/2 = 0.2317$nm，外层八面体空隙中心连成的正十二面体的棱长为 $1.6180a_0(0.4634$nm$)$。

⑥ a_1 二十面体中包含 13 个 a_0 二十面体：

$V_{a_1} = 2.1817 \cdot a_0^3 = 2.1817 \times 0.7498^3 = 0.9196$nm^3，

$V_{a_0} = 2.1817 \cdot a_0^3 \times 13 = 2.1817 \times 0.2864^3 \times 13 = 0.6663$nm^3（$13V_{a_0}$ 不全等），空洞体积为 $V_{a_1} - 13V_{a_0} = 0.9196 - 0.6663 = 0.2534$nm^3。

此种堆积密度（a_1）约为 $13V_{a_0} - V_{a_1} = 0.6663/0.9196 = 0.7245$，大于体心立方堆积的 0.6802，小于最紧密堆积的 0.7405，此时，a_1 二十面体结构是稳定的。

9.4.2 a_2 二十面体的特点

13 个 a_1 二十面体变形共角顶连接成 a_2 二十面体的特点（图 9.8）如下：

① a_2 二十面体由 13 个 a_1 二十面体变形共角顶连接而成，符合 a_1 二十面体球按二十面体"配位"的聚合形式。

② a_2 二十面体的棱长为 $2.6180a_1 = 2.6180 \times 0.7498 = 1.9630$nm。

③ a_2 二十面体中存在以 a_1 为棱长的八面体空隙，内层空隙中心连接起来，得到与 a_1 二十面体共轭的正十二面体，外层空隙中心连接起来也成为正十二面体。

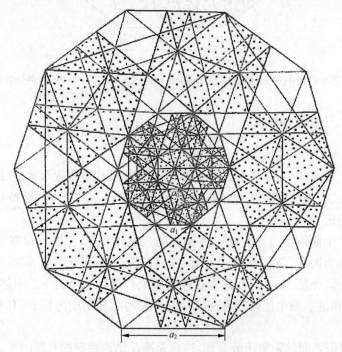

图 9.8　由 13 个 a_1 二十面（变形）共角顶连接成的 a_2 二十面体（共轭分数维结构模型 a_2）

④ 内层八面体空隙中心连接成的正十二面体,其棱长为 $1.6180a_1/2 = 0.6066nm$,外层八面体空隙中心连接成的正十二面体棱长为 $1.6180a_1 = 1.2132nm$。也可以将其分别写成 $1.6180 \times 2.6180a_0/2 = 0.6066nm$, $1.6180 \times 2.6180a_0 = 1.2132nm$。

⑤ 八面体空洞中可以充填半径等于、小于 $0.1550nm$ 的原子、离子或原子团等。

⑥ a_2 二十面体体积为 $V_{a_2} = 2.1817 \cdot a_2^3 = 2.1817 \times 1.9630^3 = 16.501nm^3$, $13V_{a_1} = 13 \times 2.1817 \times a_1^3 = 13 \times 2.1817 \times 0.7498^3 = 11.9552nm^3$。若 V_{a_1} 中空洞充填原子或原子团,此种堆积密度(a_2)约为 $13V_{a_1}/V_{a_2} = 11.9552/16.5015 = 0.7245$,变化不大,$a_2$ 二十面体结构是稳定的;若 V_{a_1} 中空洞未充填,累计递减密度为 0.5249。

9.4.3　a_n 二十面体的特点

根据图 9.7、图 9.8 模型,Al-Mn 合金的共轭分数维模型的主要数学参数如下。

① 不同级别的二十面体中棱长(a_n):

a_0 二十面体中,棱长(Al-Al)为 $0.2864nm$;

a_1 二十面体中,棱长为 $2.6180 \times 0.2864nm = 0.7498nm$;

……

a_n 二十面体中,棱长为 $2.6180 \times a_{n-1}$。

② 不同级别的二十面体中外接球半径(r_n):

a_0 二十面体外接球半径,r_0(Al-Mn)为 $0.2732nm$;

a_1 二十面体外接球半径,r_1 为 $2.6180 \times 0.2732nm = 0.7152nm$;

……

a_n 二十面体外接半径,r_n 为 $2.6180 \times r_{n-1}$。

③ 不同级别的二十面体中,与其尺度相适应的 20 个八面体空洞边长(O_n):

a_1 二十面体中,O_0 为 $0.2864nm$;

a_2 二十面体中,O_1 为 $2.6180 \times 0.2864nm = 0.7498nm$;

……

a_n 二十面体中,O_n 为 $2.6180 \times O_{n-2}$。

④ 不同级别的二十面体中,铝、锰原子数(N_n):

a_0 二十面体中,铝、锰原子总数 $N_0 = 13$ 个,其中锰原子为 1 个;

a_1 二十面体中,铝、锰原子总数 $N_1 = 13 \times 13 - 33 = 136$ 个,其中锰原子数为 13 个;

a_2 二十面体中,铝、锰原子总数 $N_2 = 136 \times 13 - 33 = 1735$ 个,其中锰原子数为 $13^2 = 169$ 个;

……

a_n二十面体中,铝、锰原子总数 $N_n = (N_{n-1} \times 13 - 33)$ 个,其中锰原子数为 13^n 个。

9.5　共轭分数维模型与准晶共轭结构模型

从近似等大原子堆积得到 a_0 二十面体,从 a_0 二十面体(变形)共角顶连接得到 a_1 二十面体……从 a_{n-1} 二十面体(变形)共角顶连接得到 a_n 二十面体,即共轭分数维模型。

在 a_n 二十面体中,棱长 $a_n = 2.6180a_{n-1}$,内层八面体空隙中心连成的正十二面体的棱长为 b_n(内)$=1.6180/2$,外层八面体空隙中心连接成的正十二面体的棱长为 b_n(外)$=1.6180a_{n-1}$;a_n 二十面体的体积 $V_{a_n} = 2.1817 \cdot a_n^3$,13 个二十面体的体积 $V_{a_{n-1}} = 13 \times 2.1817 \cdot a_{n-1}^3$,空间八面体体积为 $V_{八面体} = 0.4714a_{n-1}^3$;可充填原子、原子团等的半径 $r_{八面体} = 0.2071a_{n-1}$。

准晶共轭生成的结构模型可以用两种方式描述:

第一,按共轭分数维模型的堆积密度会较快地减小来描述。此时,对应的八面体空洞随分数维堆垛加大,生成准晶共轭结构模型需对应充填 $a_0, a_1, a_2, a_3, \cdots$,$a_{n-1}$ 正二十面体或微小的"团块",并用棱长(Al-Al$=0.2864$nm)与主体结构分数维堆垛连接。准晶共轭结构模型即是以 a_n 正二十面体分数维结构加上对应 a_0,$a_1, a_2, a_3, \cdots$ 或微小的"晶块"充填的结构方式形成的。

第二,按 a_0(正二十面体)与 b_0(正十二面体),a_1 与 b_1, a_2 与 $b_2, \cdots, a_n$ 与 b_n 共轭生成的分数维模型,加上 $a_0, a_1, a_2, a_3 \cdots$ 或微小的"晶块"相应充填八面体空隙并用棱长(Al-Al$=0.2864$nm)与分数维结构连接,也可以获得准晶共轭结构模型。

用这两种分析方法设计的准晶共轭结构模型是相同的。准晶共轭结构模型有以下特点:

① 准晶共轭结构模型包括两个基本部分:正二十面体与正十二面体共轭生长的分数维图形加上该图形八面体空洞对应充填 $a_0, a_1, a_2, \cdots$ 基本结构单元。

② 共轭结构模型具有 $m\overline{3}5$ 点群对称。具有长程定向有序、无平移周期。自相似放大或缩小结构不变,自相似性比例因子为 2.6180。

③ 准晶共轭结构模型中键长、键角合理,这与两种黄金菱面体有关。

④ 准晶共轭结构模型中交点与结晶学点位最相吻合。

⑤ 准晶共轭结构模型(a_n)堆积密度约为 $13V_{a_{n-1}}/V_{a_n} = 0.7245$,合理稳定。

⑥ 准晶共轭结构模型具有 6 维平移周期,平面上准周期符合 Fibonacci 系列排列。

⑦ 准晶共轭结构模型为多重分数维图形,可用多标度分型描述,共轭分数维

模型主体部分的分数维值为 2.6652,另一部分双八面体分布分数维值为 2.8891。

9.6　二十面体准晶共轭结构与 Penrose 拼图

准晶体的高分辨电子显微镜图像的解释工作,是准晶研究工作者所关注的问题。国内外部分学者从 3 维 Penrose 拼图解释高分辨电子显微镜图像,还有一部分学者从二十面体堆垛模型解释准晶高分辨结构图像。3 维 Penrose 拼图是符合 $m\overline{3}5$ 对称的数学拼图,它的一部分交点与准晶结构中原子坐标吻合,但也有一部分交点不具备结晶学意义。尽管 3 维 Penrose 拼图能够比较好地解释准晶高分辨电子显微镜图像,但由于缺乏结晶学原理上的论述,因此 3 维 Penrose 拼图可看成准晶点阵结构,而直接看成是准晶结构模型是不行的。

用作者提出的正二十面体与正十二面体共轭生成的准晶结构模型不仅能很好地解释准晶高分辨结构图,而且可成功地解释 3 维 Penrose 拼图与准晶高分辨结构图的密切关系。

9.6.1　从二十面体看 Penrose 拼图

正二十面体从几何上可以看成是风筝和飞镖的拼图,也可以看成是两种黄金菱形块拼图。

图 9.9 是正二十面体沿 5 次对称轴的投影平面图,其中 $OAHB$ 为飞镖;$OBIC$ 为风筝;$OFEG$,$GEJD$ 为两种黄金菱形块。飞镖中,$\angle AOB = 72°$,$\angle HAO = \angle HBO = 36°$,$\angle BHA = 144°$;风筝中 $\angle BOC = 72°$,$\angle IBO = \angle ICO = 72°$,$\angle BIC = 144°$;菱形 $OFEG$ 中,$\angle FEG = \angle FOG = 72°$,$\angle OFE = \angle OGE = 108°$,菱形 $GEJD$ 中,$\angle GEJ = \angle GDJ = 36°$,$\angle DGE = \angle EJD = 144°$。以图 9.9 的 O 为对称中心,飞镖和风筝的 Penrose 拼图如图 9.10 所示,两种黄金菱形块 Penrose 拼图如图 9.11 所示。

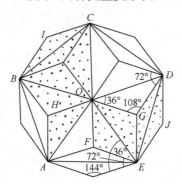

图 9.9　沿正二十面体 5 次对称轴投影看飞镖、风筝
和两种黄金菱形块的 Penrose 拼图

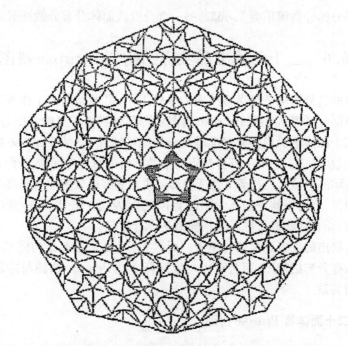

图 9.10　飞镖、风筝的 Penrose 拼图

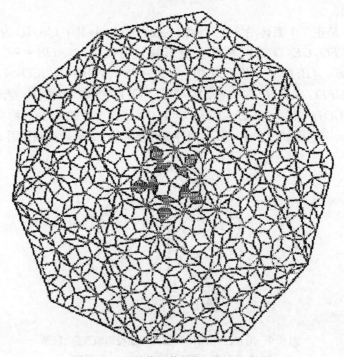

图 9.11　两种黄金菱形块 Penrose 拼图

9.6.2　从二十面体看 3 维 Penrose 拼图与共轭结构模型

对比图 9.9～图 9.11，很容易找到正二十面体与正十二面体共轭生长的准晶结构模型与飞镖、风筝 Penrose 拼图和两种黄金菱形块 Penrose 拼图之间的密切关系。它们都同属 $m\overline{3}5$ 点群，平面投影对称性也相同。它们的中心都是一 a_0 正二十面体，并以同样的自相似性比例因子放大。不同的是，共轭结构模型中的交点均表示原子位置或结晶学点，而 Penrose 拼图中的交点均表示为数学点，其中大部分交点与原子或结晶点位置重合，少部分与原子或结晶学点位置不重合。

9.6.3　Penrose 拼图与准晶高分辨电子显微镜结构图像

由于准晶结构中无平移周期，因此垂直于 5 次对称轴，虽然有自相似性，但位置不同的超薄片的高分辨电子显微镜结构图像是不同的；即使是同一超薄切片，不同微区的高分辨电子显微镜结构图像也是不同的，但有自相似性。有些学者利用 Penrose 拼图解释准晶体的高分辨电子显微镜图像获得过满意的结果，例如，K. Hiraga 用两种黄金菱形块 Penrose 拼图解释了 Al-Mn 准晶体的高分辨电子显微镜结构图像。

9.6.4　准晶共轭结构模型与 Penrose 拼图

我们设计的正二十面体与正十二面体共轭生成的分数维准晶结构模型（图 9.7），不仅从结晶学理论上得到了理想的阐述，而且可以很好地解释准晶体高分辨电子显微镜结构图像。结构模型使二十面体堆垛模型与 Penrose 拼图（图 9.10、图 9.11）联系起来了，使 Penrose 拼图获得了结晶学解释，也从数学上证实了正二十面体与正十二面体共轭生成的准晶结构模型的合理性。

9.7　大块准晶的共轭结构模型

一些科学家用 Al,Cu,Li 为原料生长合成了尺度在厘米级的准晶体。这种大块准晶体不仅内部微观结构具有 5 次对称性，而且生长出具有 5 次对称性的形态。为了从理论上解释这一大块准晶体的生长，作者提出了"大块准晶共轭纳米微粒多重分数维结构模型"，其结构单元 A_1 与共轭结构单元 a_1 之比为 321.9840∶1。

9.7.1　Al-Mn 准晶共轭结构模型的基本特点

准晶共轭结构模型是一理想的 Al-Mn 准晶结构模型，其基本设计思想如下：

① 大小相近的原子，1 个锰原子，12 个铝原子，最理想的聚合方式是二十面体配位（a_0）。

② 以 a_0 二十面体"球"作结构单元,最理想的聚合方式是 13 个 a_0 二十面体共角顶形成大一级 a_1 二十面体单元,以适应 a_1 二十面体单元、a_0 二十面体作相应变形。

③ 以 a_{n-1} 二十面体"球"作结构单元,13 个 a_{n-1} 二十面体将形成 a_n 二十面体单元,以适应 a_n 二十面体单元、a_{n-1} 二十面体作相应变形,即生成准晶共轭分数维模型。在共轭分数维模型中,各级空洞中对应充填 $a_0,a_1,a_2,a_3,\cdots$ 二十面体结构单位或微小的"团块",即生成准晶共轭结构模型(图 9.12)。

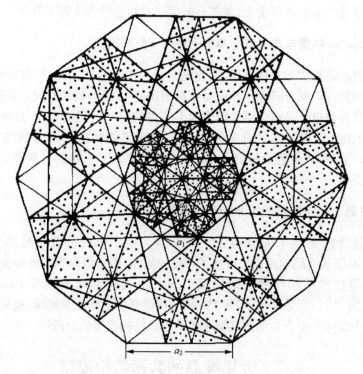

图 9.12　准晶共轭结构模型(a_2 二十面体)

共轭结构分数维模型具有自相似性的特点,适当放大或缩小几何尺寸,整个结构特征不改变。每一级单元都有 20 个与其尺度成比例的双八面体空洞。因此,当尺度增加时,分数维图形密度减小。每一级结构单元中,其直径在整体直径 1/2.6180 的球体范围内,任何一部分图形都完全类似于整体图形。当在不同级别的双八面体空洞中适当充填原子或原子团时,结构更趋稳定。

在分数维模型中,不同级别的二十面体棱长(a_n)、外接球半径(r_n)、八面体空洞边长(O_n)、铝、锰原子数(N_n)、空洞中充填球直径(R_n)等数据如下:

$a_0 = 0.2864$nm,$a_1 = 0.7498$nm,$\cdots$,$a_n = 2.6180 \times a_{n-1}$;

$r_0 = 0.2732$nm,$r_1 = 0.7152$nm,$\cdots$,$r_n = 2.6180 \times r_{n-1}$;

$O_0 = 0.2864\text{nm}, O_1 = 0.7498\text{nm}, \cdots, O_n = 2.6180 \times O_{n-1}$；

$R_1 = 0.0593\text{nm}, R_2 = 0.1553\text{nm}, \cdots, R_n = 0.2071 \times O_{n-1}$。

在 a_0 二十面体中，铝、锰原子数 $N_0 = 13$ 个，其中锰原子数为 1 个；a_1 二十面体中，$N_1 = 136$ 个，其中锰原子数为 13 个；a_2 二十面体中，$N_2 = 1735$ 个，其中锰原子数为 $13^2 = 169$ 个；a_n 二十面体中，$N_n = (N_{n-1} \times 13 - 33)$ 个，其中锰原子数为 13^n 个。

不考虑准晶共轭结构模型中双八面体空洞充填，则共轭结构模型为共轭分数维模型。这一模型具有分数维几何图形的一切特点，按照公式 $N = C \cdot r^D$，可以计算出共轭分数维模型的分数维值为 2.6652。更进一步考虑共轭分数维模型的双八面体空洞充填后，将生成准晶共轭结构模型，这种双八面体的分布符合分数维规律，分数维值为 2.8891。这种准晶共轭结构模型不仅成功地解释了准晶结构 Al-Mn 合金的高分辨电子显微镜结构图像，而且还很好地解释了 3 维 Penrose 数学拼图与准晶高分辨电子显微镜结构图像的密切关系。

9.7.2　Al-Cu-Li 生成的大块准晶结构模型

Al-Cu-Li 大块准晶共轭结构模型的构成过程为，首先将 Al-Mn 的共轭分数维模型中的 Mn 全部置换成 Cu，得到的模型可简称为 Al-Cu 的共轭分数维模型。然后，在 Al-Cu 的共轭分数维模型的 a_2 级二十面体中与尺寸相适的双八面体空洞中充填半径较大的 Li 原子，而与其他更大级别二十面体的尺寸相适的双八面体空洞则由对应的 $a_0, a_1, a_2, a_3, \cdots$ 或微小的"团块"充填。如此，即完成了整个大块共轭结构模型的构筑。

(1) Al-Cu-Li 准晶中元素特征

① 在元素周期表中，锂（Li）属第二周期第一主族元素，原子半径为 0.1570nm。它是一种非常活泼的金属元素，在准晶结构中，锂原子的理想位置是充填二十面体结构单元堆垛的尺度相应的八面体空洞。

② 铝（Al）在元素周期表中属于第三周期第一副族元素，单晶体结构为面心立方，原子半径为 0.1432nm，化学性质比较活泼。

③ 铜（Cu）在元素周期表中是第四周期第一副族元素，单晶体结构为面心立方，原子半径为 0.1280nm，化学性质不太活泼。

(2) Al-Mn，Al-Cu 二十面体配位与理想正二十面体

Al-Mn，Al-Cu 二十面体配位与理想正二十面体之间有着密切关系。表 9.1 列出了 Al-Mn，Al-Cu 二十面体配位与理想正二十面体的有关参数。显然，无论是配位原子半径（R）、中心原子半径（r）、配位原子间距（$2R$）、配位原子与中心原子

间距$(R+r)$,还是配位原子间距与配位原子到中心原子间距之比$[2R/(R+r)]$及配位原子与中心原子半径之比(R/r)或(r/R)等参数,都是相等或非常接近的。这也说明它们之间有着密切的关系。

表 9.1　Al-Mn,Al-Cu 二十面体配位与正二十面体的有关参数

	配位原子半径(R)	中心原子半径(r)	配位原子间距$(2R)$
Al-Mn 二十面体	$R_{Al}=0.1432nm$	$r_{Mn}=0.1300nm$	$2R_{Al}=0.2864nm$
Al-Cu 二十面体	$R_{Al}=0.1432nm$	$r_{Cu}=0.1280nm$	$2R_{Al}=0.2864nm$
正二十面体理论值	$R=0.1432nm$	$r=0.1292nm$	$2R=0.2864nm$
配位原子与中心 原子间距$(R+r)$	$2R/(R+r)$	r/R	R/r
$R_{Al}+r_{Mn}=0.2732nm$	$2R_{Al}/(R_{Al}+r_{Mn})=1.0483$	$r_{Mn}/R_{Al}=0.9078$	$R_{Al}/r_{Mn}=1.1015$
$R_{Al}+r_{Cu}=0.2712nm$	$2R_{Al}/(R_{Al}+r_{Cu})=1.0560$	$r_{Cu}/R_{Al}=0.8939$	$R_{Al}/r_{Cu}=1.1187$
$R+r=0.2723nm$	$2R/(R+r)=1.5015$	$r/R=0.9021$	$R/r=1.1085$

(3) Al-Cu 的准晶共轭结构模型

只要将 Al-Mn 共轭分数维模型中 Mn 原子的位置用 Cu 原子置换,就可得到 Al-Cu 的准晶共轭分数维模型。从上面的讨论可知,如果新的准晶结构中原子坐标位置仅作微小调整,整个共轭分数维模型的特点并未改变。Al-Cu 的准晶共轭分数维模型的有关参数如下。

① 不同级别的二十面体结构单元的主要参数

棱长(a_n):$a_0=0.2864nm$,$a_1=0.7498nm$,$\cdots$,$a_n=2.6180\times a_{n-1}$;

外接球半径(r_n):$r_0=0.2712nm$,$r_1=0.7100nm$,$\cdots$,$r_n=2.6180\times r_{n-1}$;

八面体空洞中充填球半径(R_n):$R_1=0.593nm$,$R_2=0.1470nm$,$\cdots$,$R_n=0.2071\times a_{n-1}$。

② 不同级别的二十面体结构单元中原子种类及个数如下:

a_0二十面体中,铝、铜原子数为 13 个,其中铜原子 1 个;a_1 二十面体中,铝、铜原子数为 136 个,其中铜原子 13 个;a_n二十面体中,铝、铜原子数 $N_n=13\times N_{n-1}-33$ 个,其中铜原子数为 13^n个。

上述共轭分数维模型的八面体空洞中对应充填二十面体 $a_1,a_2,a_3,\cdots$之后,即生成 Al-Cu 准晶的共轭结构模型。

(4) Li 原子的位置和共轭结构模型的基本结构单元

在 Al-Cu 的准晶共轭结构模型的 a_1 二十面体中,与其尺度相适应的八面体空洞的充填球半径为 $R_1=0.0593nm$,Li 原子的直径为 0.1570nm,两者相差太远。

而在 a_2 二十面体中,与其尺度相适应的八面体空洞的充填球半径 $R_2 = 0.1470$nm,这些空洞中可以充填与其大约相适应的 Li 原子共有 40 个,分为内外两层,内层或外层的 Li 原子中心连接起来,均形成正十二面体。这种在 Al-Cu 的共轭分数维模型 a_2 级二十面体的八面体空洞中充填 Li 原子形成的结构单元,称之为大块共轭分数维模型中的 A_0 二十面体基本单元。不难看出,大块准晶共轭分数维模型中 A_0 二十面体基本结构单元与准晶共轭分数维模型中 a_0 二十面体基本结构单元比较起来,前者要大得多。表 9.2 将两者的参数作了简单比较。从这些数值的变化,可以发现 A_0 二十面体比 a_0 二十面体生成更大的准晶体。

表 9.2　两种共轭分数维模型中 a_0,A_0 二十面体参数的比较

	a_0 二十面体	A_0 二十面体(a_2)	A_0 与 a_0 的参数比
棱长	0.2684nm	1.9630nm	19.630/6.854
中心到角顶距离	0.2712nm	1.8588nm	1.8588/0.2712＝6.8540
二十面体体积	0.0512nm³	16.5027nm³	16.5027/0.05125＝321.9940
外接球体积	0.8465nm³	27.2559nm³	27.2559/0.08465＝321.9840
八面体空洞中 充填球半径	0.0215nm	0.1470nm	0.1470/0.02145＝6.8540
原子种类及个数	Al＝12	Al＝1566	1775/13＝136.538
	Cu＝1	Cu＝169	
	共计 13 个	Li＝40	
		共计 1775 个	

(5) 大块准晶共轭分数维模型的构筑

以上已推导出了大块准晶共轭分数维模型的 A_0 二十面体基本结构单元。那么,将 A_0 二十面体看成"球",则 A_0 二十面体的理想聚合方式是 13 个 A_0,二十面体(变形)以共角顶的形式形成大一级的 A_1 二十面体(图 9.13);同样,A_1 二十面体的理想聚合方式是 13 个 A_1 二十面体(变形)以共角顶的形式形成更大一级的二十面体 A_2。以此类推,A_{n-1} 二十面体"球"作结构单元的理想聚合方式是 13 个 A_{n-1} 二十面体(变形)以共角顶形式形成 A_n 二十面体。如此,生成了共轭分数维模型。

(6) 大块准晶共轭分数维模型的维数

大块准晶共轭分数维模型的每一级二十面体结构单元,都是由 13 个更小一级的二十面体(变形)结构单元组成的,相互之间共角顶连接。例如,A_1 二十面体中有 13 个 A_0 二十面体,A_n 二十面体中有 13 个 A_{n-1} 二十面体(变形)。根据分数维

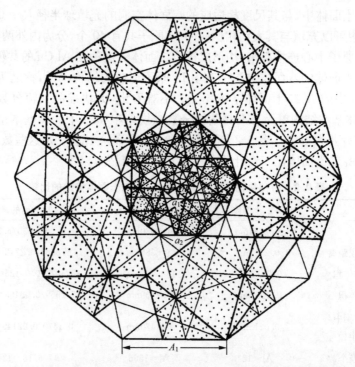

图 9.13　Al-Cu-Li 生成大块准晶的纳米微粒多重分数维准晶结构模型(A_1)

a_2 二十面体中的相应的八面体空洞中充填 Li 原子形成 A_0 二十面体基本结构单元

基本表达式 $N=C \cdot r^D$，可以求出大块准晶共轭分数维模型的分数维维数。具体计算方法是，求出以该模型上某一点为中心，以 $r(2.6180)$ 为半径的球体范围内的基本重复单元 A_0 二十面体个数 $N(13^n)$，将 r,N 代入 $N=C \cdot r^D$ 中，即可求出分数维维数(D)，其中 C 为一常数。

$$D_{(共轭)}=\log N/\log r=\log 13^2/\log 2.6180^2=2.6652$$

(7) Al-Cu-Li 生成的大块准晶共轭结构模型

Al-Cu-Li 大块准晶共轭结构模型如图 9.13 所示。其构成过程如下：

① 将 Al-Mn 的共轭分数维模型中的 Mn 全部置换成 Cu。

② 在 Al-Cu 的共轭分数维模型的 a_2 级二十面体中与尺寸相适的双八面体空洞中充填半径较大的 Li 原子，而与其他更大一级二十面体的尺寸相适的双八面体空洞则由对应的 $a_0,a_1,a_2,a_3,\cdots$或微小的纳米级"团块"、"晶块"充填。

③ 这种 a_2 级二十面体的八面体空洞充填球半径为 0.1470nm，与 Li 原子半径 0.1570nm 相近，八面体空洞可充填 Li 原子，形成的结构单元称为 A_0 二十面体基本单元。

④ 大块准晶共轭结构模型中 A_0 二十面体基本结构单元与准晶共轭结构模型中 a_0 二十面体基本结构单元的比是 321.98：1，可以发现 A_0 二十面体将比 a_0 二十面体生成更大的准晶体。

⑤ 将 A_0 二十面体看成"球"，则 A_0 二十面体的理想聚合方式是 13 个 A_0 二十面体（变形）共角顶形成大一级的 A_1 二十面体。

⑥ 同样，A_1 二十面体的理想聚合方式是 13 个 A_1 二十面体（变形）以共角顶的形式形成更大一级的二十面体 A_2。以此类推，以 A_{n-1} 二十面体"球"作结构单元，13 个 A_{n-1} 二十面体（变形）共角顶形成 A_n 二十面体。如此，即完成了整个大块共轭结构模型的构筑。

⑦ 分数维图形的双八面体空洞部分的分布规律也符合分数维，可用相适应的 A_0，A_1，A_2，…，A_{n-1} 结构单位充填，这种结构单位是从几个纳米生长发展到几十个纳米的微小的"团块"、"晶块"。

⑧ 大块准晶共轭结构模型，是"纳米微粒多重分数维准晶结构模型"，分数维值为 2.67 及 2.89。

在大块准晶共轭分数维结构模型的各级单元中，都有 20 个分布符合 $m\overline{3}5$ 对称的双层八面体空洞。结构单元的级别越高，相应的双八面体空洞的尺寸越大。双八面体空洞的尺寸会随着准晶生长而增大。这对形成大块准晶物质显然是不利的。但是，在合适的生长条件下，这些双八面体空洞可由 A_0，A_1，A_2，A_3，…，A_{n-1} 二十面体或微小的"晶块"充填，形成稳定结构，即大块准晶共轭结构模型，如图 9.12。这样可生长成大块的准晶体，并在合适的方向长出纯净小平面。

Al-Cu-Li 生成的大块准晶结构模型也是具有多重分数维特征的图形，除了用共轭分数维模型的分数维值 2.6652 表征以外，还需要用双八面体分数维分布图形的维值共同表征。双八面体分布符合分数维图形规律，其分数维值为

$$D_{(双八面体)} = \log N / \log r = \log(20 \times 13) / \log 2.6180^2 = 2.8891$$

9.8　二十面体准晶的透射电子显微分析

9.8.1　试样制备和实验方法

准晶的获得是用 Al（99.95%），Mn（99.99%），Si（99.99%）3 种母材按一定比例配制母合金，将母合金放入真空高频感应熔炉中熔炼。然后用非金属条带制造设备对母材进行急冷处理，得到条带样，其厚度在 $50\mu m$ 左右，其成分为 $Al_{76}Si_4Mn_{20}$。

透射电子显微镜试样制备是用树脂胶将条带试样粘在载玻片上磨成光薄片，其厚度约 $30\mu m$；再用双管胶将 3mm 直径的铜环粘在样品上，待铜环粘牢后，用酒

精灯加热载玻片使树脂胶熔化,并将样品从载玻片上推下,再用酒精洗去样品上残留的树脂胶,用手术刀沿铜环外缘切下多余的样品。然后将样品放置在 Gatan-600 型离子减薄仪上进行离子减薄,加速电压 4kV,束流 1mA,先在 20°袭击 0.5h,然后在 15°减薄直至穿孔,再换成 10°抛光 0.5h。这样就可以制得适合于透射电子显微镜观察的样品。

　　透射电子显微分析工作是在荷兰飞利浦公司的 CM12 型透射电子显微镜上完成的,工作电压为 120kV,采用±角度侧插式双倾台,并结合扫描附件及 EDAX-9100 X 射线能谱仪进行综合观察、分析及研究。

9.8.2　二十面体准晶的电子衍射分析

　　在透射电子显微镜下,用选区电子衍射方法对 $Al_{76}Si_4Mn_{20}$ 生成的具有 $m\overline{3}5$ 对称的准晶样品进行分析,拍摄了如图 9.14(a)所示的电子衍射花样。它显示出具有 5 次对称的长程定向有序而无平移周期的对称性。

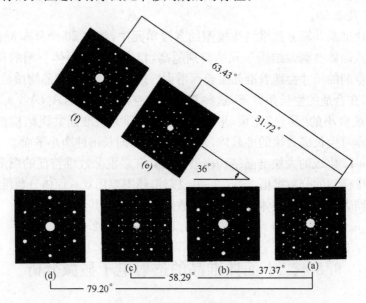

图 9.14　具有二十面体对称性准晶的电子衍射花样

　　首先由图 9.14(a)方向所示,开始绕纵向的一列密排列点倾转 37.37°,而得到图 9.14(b)所示的沿 3 次轴方向的电子衍射图,沿该方向继续倾转到 58.29°时得到图 9.14(c)所示的沿 2 次轴方向的电子衍射花样,倾转到 79.20°时得到图 9.14(d)所示的另一个沿 3 次轴方向的电子衍射花样;再从图 9.14(a)方向开始绕另一转轴倾转,该转轴与上述倾转轴向之间的夹角为 36°,得到图 9.14(e)所示的沿 2 次轴方向的衍射花样,它与 5 次轴之间的夹角为 31.72°;最后又得到如图 9.14(f)

所示的另一个沿 5 次轴方向的衍射花样,它与图 9.14(a)所示的 5 次轴之间的夹角为 63.43°。这些电子衍射图显示了二十面体的对称特征,即具有 $m\overline{3}5$ 准晶的对称特征。

　　在进行上述电子衍射分析的同时发现在 5 次轴和 3 次轴之间及 5 次轴与 2 次轴之间还出现了一些较强的电子衍射花样,如图 9.15 所示,图 9.15(b)与图 9.15(a)之间的夹角为 13.36°,图 9.15(c)与图 9.15(a)之间的夹角为 22.47°,图 9.15(d)与图 9.15(a)之间的夹角为 26.69°;在另一个方向,图 9.15(h)与图 9.15(a)之间的夹角为 11.18°,图 9.15(j)与图 9.15(a)之间的夹角为 52.25°。同时发现图 9.15(a)与图 9.15(k)的花样相同,图 9.15(c)与图 9.15(h)及图 9.15(j)的花样相同,图 9.15(e)与图 9.15(g)的花样相同。如果用 6 维空间来描述 5 次准晶,图 9.15(a)(5 次轴),图 9.15(e)(3 次轴),图 9.15(f)(2 次轴),图 9.15(g)(3 次轴),图 9.15(i)(2 次轴)及图 9.15(k)(5 次轴)为低指数,即为主带轴;而其余的衍射图所示的方向的指数将为高指数,即类似于晶体中的高指数带轴。所以如果某一准晶模型是合理的,利用模拟计算应该可以得到与实验观察得到的上述衍射花样相吻合的高指数带轴的模拟衍射图,这样可以进一步检验模型的合理性。

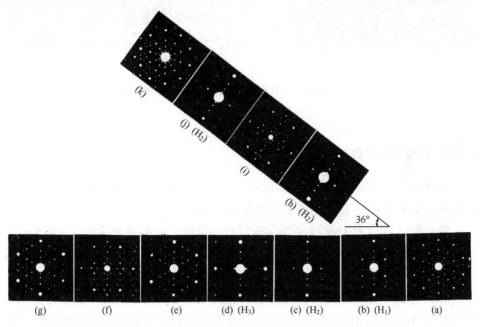

图 9.15　具有二十面体对称性准晶的电子衍射花样

a,k 为 5 对称轴的电子衍射花样;e,g 为 3 次轴的电子衍射花样;
f,i 为 2 次对称轴的电子衍射花样;H_1,H_2,H_3 为高指数带轴的电子衍射花样

9.8.3　透射电子形貌观察

在观察中发现如图 9.16 所示的放射树枝状的微形貌。对其中多点处进行选区电子衍射分析,实验结果表明,同一枝中各处的电子衍射完全一致,而且明场和暗场图像衬度均匀。这些研究证实,枝状分布各点取向是一致的,它只是一个准晶颗粒生长形态变化;而且同一簇中各枝之间的电子衍射花样取向几乎相同,只有极微小的偏差,即同一簇中各准晶颗粒的取向基本相同。

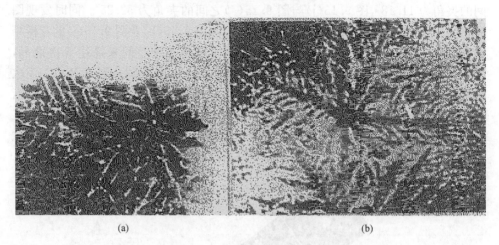

　　　　　　(a)　　　　　　　　　　　　　　　　　　(b)

图 9.16　具有 5 次对称轴准晶的透射电子显微镜形貌
(a) ×50 000;(b) ×630 000

9.8.4　高分辨电子显微镜图像分析

经过对二十面体准晶电子显微镜形貌观察和电子衍射分析,可以知道二十面体准晶中 5 次、3 次、2 次对称轴的分布及取向关系。

沿 5 次、3 次、2 次对称特定方向进行高分辨电子显微镜图像研究,如图 9.17 所示。沿 5 次轴方向拍摄了一些高分辨结构图像,如图 9.17(a)所示,它清楚地显示了具有 5 次对称的长程定向有序、但无平移周期对称性分布。

沿其他轴向拍摄了一些高分辨结构图像,如图 9.17(b)是沿 3 次轴方向拍摄的高分辨结构图像;图 9.17(c)是沿图 9.15(d)方向拍摄的高分辨结构图像,它显示出交替排列的原子面。正是由于这种排列方式破坏了平移对称性。图 9.17(d)是沿图 9.15(c)方向(H_2)拍摄的高分辨结构图像;图 9.17(e)是沿 2 次轴方向拍摄的高分辨结构图像。可以看出,所有的高分辨结构图像中都没有平移周期的对称性,这与电子衍射分析的结果一致。

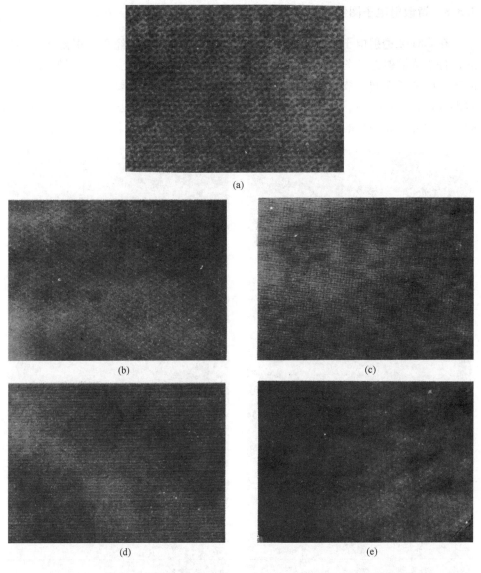

图 9.17　具有二十面体对称性准晶沿 5、3、2 次对称轴方向推摄的高分辨图像

(a)沿 5 次对称轴方向拍摄的高分辨结构图像(204 万倍)；(b)沿 3 次对称轴方向拍摄的高分辨结构图像
(165.2 万倍)；(c)沿图 9.15(d)轴向拍摄的高分辨结构图像(93.6 万倍)；(d)沿图 9.15(c)轴向拍摄的高
分辨结构图像(165.2 万倍)；(e)沿 2 次对称轴方向拍摄的高分辨结构图像(165.2 万倍)

　　由此可知,运用正二十面体与正十二面体共轭生成的纳米微粒多重分数维准
晶结构模型解释高分辨电子显微镜结构图像,获得了令人满意的成功,理论分析和
实验观察所取得的结果非常圆满一致。

9.8.5　背散射电子图像及二次电子图像

在 CM12 透射电子显微镜的扫描模式下，分别对原样及经离子束抛光后的样品进行了背散射电子图像和二次电子图像观察。结果发现在用离子束抛光过的样品中有许多特殊的树枝状的背散射电子图像，其所显示的主要特征为一簇簇树枝状形态，与在透射模式下所观察到的结果一致。用电子衍射法得到的结果可证实，同一簇中各准晶颗粒的取向基本一致，这是准晶的特征形态，如图 9.18 所示。

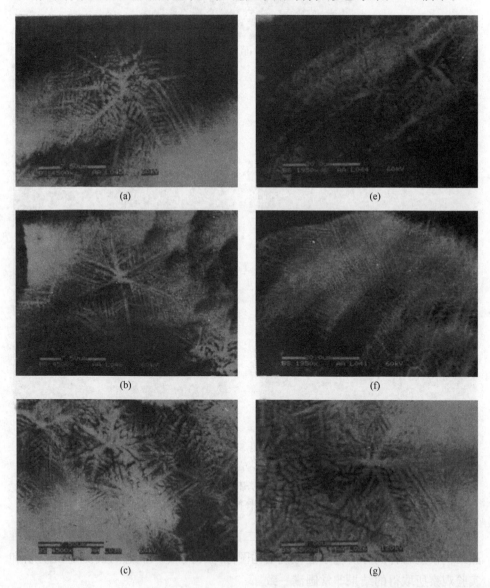

(a)　　　　　　　　(e)

(b)　　　　　　　　(f)

(c)　　　　　　　　(g)

 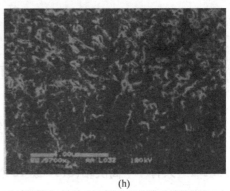

(d)　　　　　　　　　　　　　　　　　　(h)

图 9.18　具有二十面体对称性准晶的背散射电子图像(a,b,c,e,f,g)及二次电子图像(d,h)

在图 9.18(a)中,准晶显示五边形的形态,这与其内部的 5 次对称有关。所有的背散射电子图像,如图 9.18(a,b,c,e,f,g)和二次电子图像(d,h)都显示出 5 次准晶的生长形态,这酷似自然界植物的生长形态。这些形态实际上是一种分数维图形,这也是准晶内部结构的分数维特征的体现。

图 9.18(d)是对应于图 9.18(c)的二次电子图像,显示出准晶经离子束抛光后的表面形态,二次电子图像虽然显示不出准晶的生长形态,但可以看出准晶颗粒之间的物质被离子束剥蚀后留下的凹坑,说明这些物质的稳定性不如准晶,也就是其平均自由能比准晶高,容易被打掉。所有这些玻璃质合金物质,经 X 射线能谱分析证明,其成分与准晶成分相似。

图 9.18(h)是对应于图 9.18(g)显微区域的二次电子图像(和 Al 元素的面扫描图像的合成图像),可以看出二次电子图像与上述分析结果一致,同时可以看出,该区域 Al 元素的分布基本上是均匀的。由此看来,背散射电子图像最能体现准晶的生长形态。但在对原样(即未经离子束刻蚀的准晶样品)进行背散射图像观察时却很少观察到如图 9.18 所示的形态,这可能是由于充填于准晶颗粒之间的和准晶成分相似的玻璃质掩盖了准晶的形态。所以离子束抛光或称离子束刻蚀的制样方法可以帮助提高观察准晶形态的效率。如果用这种方法来考察自然界的样品以寻找天然准晶,将会大大提高观察效率。

第 10 章　纳米微粒多重分数维 2 维准晶结构模型

10.1　2 维准晶结构的纳米微粒多重分数维特征

10.1.1　只有一个高次轴(8、10 或 12 次)

2 维准晶的特点是,只存在一个高次对称轴,它们是 8、10 或 12 次对称轴,这种物质体表现出周期性(晶体)和准周期性(准晶体)。沿高次轴方向,表现出晶体结构的周期性排列;而垂直于高次轴的平面内呈现出 2 维准周期性,表现为自相似生长的分形准晶结构。

2 维准晶具有层状结构。①8 次对称性准晶沿 8 次轴方向的周期是 0.63nm;②10 次对称性准晶在 10 次轴方向的基本层厚为 0.4nm,周期是 0.4nm,0.8nm,1.2nm 或 1.6nm,③12 次对称性准晶沿 12 次轴方向的周期是 0.45nm。

10.1.2　2 维准晶与晶体之间的相变关系

在 2 维准晶相与相关组分的结晶相之间常有连续的相变关系,这现象有助于理解准晶的生长和形成过程。2 维准晶与有关晶体相的连续相变在凝固过程中,原子首先聚集在一起成为紧凑排列的原子簇。如果凝固过程缓慢,这些原子簇便会在 3 维空间中呈周期性排列,生长成晶体。如果凝固过程进展很快,原子簇中的长程周期序还来不及建立,就会根据原子簇本身的旋转对称(5,8,10,12 次)的几何规律进行连接。在急冷凝固的情况下,原子簇的连接不可能完全按其旋转对称要求的那样完美无缺地形成点阵(数学上严格有规自相似性),相反,有大量的缺陷,结构单元颠倒、错排的现象比比皆是,甚至会有相当量的局部周期排列,但在统计意义上仍具有无规自相似性。

10.2　2 维准晶胞选取和准晶结构模型

不同于由单一晶胞(平行四边形)在 2 维平面中周期平移构成的晶体结构,准晶结构的准晶胞是由两种或三种基本菱形和方形、有选择性地组合而成。这种准晶胞再按照准周期平移排列构成准晶体。准晶体中的准晶胞选取有新的选取原则,应该先考虑选取两种或三种基本菱形单胞,再考虑如何将这类菱形组合生成"准晶胞",既要考虑组合"准晶胞"的对称性,同时又要考虑它们可以铺满 2 维平面空间的原则。这些要求不同于晶体中晶胞选取原则,准晶对称理论已突破了传统晶体学中的对称规律。

10.2.1　2 维准晶胞的选取——二种或三种基本菱形(方形)

在选取准晶胞时,按照图 10.1 所示规则进行。图中,(a)为 72°、108°与 36°、144°菱形组成的具有 5(L_{10}^5)次对称的准晶平面格子;(b)为 45°、135°菱形与正方形组成的具有 8 次对称的准晶平面格子;(c)为 72°、108°与 36°、144°菱形组成的具有 10 次对称的准晶平面格子;(d)为 60°、120°和 30°、150°两种菱形与正方形组成的具有 12 次对称的准晶平面格子。图 10.1(e)、(f)为其他有关几何拼图。

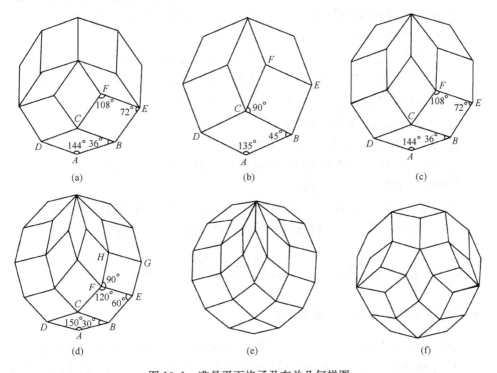

图 10.1　准晶平面格子及有关几何拼图

(a) 具 5(L_{10}^5)次对称的准晶平面格子;(b)具 8 次对称的准晶平面格子;
(c)具 10 次对称的准晶平面格子;(d)具 12 次对称的准晶平面格子;(e)、(f)其他有关几何拼图

我们设计纳米微粒多重分数维准晶结构模型,是以满足 2 维准晶的对称性和组合准晶胞构成的几何拼图在 3 维空间无空隙排列为基本原则的,合理选取两种或三种菱形作为基本单元组合可构成“准晶胞”,可以满足 2 维准晶的 8 次、10 次和 12 次轴的对称性。这种结构模型具有自相似性,与 Penrose 拼图极为相似,也与三角十六面体、三角二十面体、三角二十四面体自相似性放大的结构相似,其准

周期值分别为 $1+\sqrt{2}$、$(1+\sqrt{5})/2$、$1+\sqrt{3}$,这样构成的准晶结构模型符合纳米微粒多重分数维特征。

10.2.2　2维准晶胞的选取原则

这种新颖的 2 维准晶结构模型设计,不仅综合了 Penrose 拼图准周期的合理性,以及多面体自相似性分数维生长特点,更为重要的是体现了组合"准晶胞"多重分数维生长的优点。

准晶对称理论,突破了晶体学对称规律,因此在选取准晶胞时,应有一些新的原则:

① 准晶胞应是两种或三种菱形单胞拼成的基本结构单元,即组合准晶胞。

② 准晶体的准晶胞拼图应符合 2 维准晶的对称性。

③ 准晶胞拼图在 2 维平面上、3 维空间中应该是无间隙的。

④ 准晶结构拼图应具有自相似性,准周期值为无理数,如 8,10,12 次对称轴 2 维准晶体的准周期值分别为 $1+\sqrt{2}$,$1+(\sqrt{5}+1)/2$,$1+\sqrt{3}$。

⑤ 准晶结构具有多重分数维特征。

⑥ 准晶结构拼图与 Penrose 拼图极为相似。

⑦ 8,10,12 次对称轴的准晶结构拼图与三角十六面体、三角二十面体、三角二十四面体自相似性放大结构相似。

⑧ 2 维准晶结构模型设计,既要考虑 Penrose 准周期拼图的合理性,又要考虑多面体自相似性分数维生长特点,特别是组合准晶胞多重分数维生长的优点。

10.3　8 次对称性准晶结构

10.3.1　8 次对称性准晶的研究概述

1987 年王宁与陈焕等,在急冷凝固的 Cr-Ni-Si 合金中首先发现 8 次对称轴的电子衍射图,并首次提出 8 次对称性准晶的存在。他们认为,这种 2 维准晶结构模型由正方形和 45°、135°菱形两种单胞的非周期分布构成,是一种具有 8 次对称性的准点阵,它清楚地显示了 8 次对称特征。正方形和菱形的边都位于互成 45°的 8 个方向上,在每个方向上点阵间的距离比呈准周期关系,这种结构图形中出现的无理数 $\sqrt{2}$ 显然与 45°、135°有关。对这种 8 次准点阵作傅里叶变换得出的衍射图,与实验结果基本相符。

具有 8 次对称轴的准晶是一种 2 维准晶,沿 8 次对称轴方向有 0.63nm 左右的周期平移对称,而在与 8 次旋转轴正交的平面上则有准周期平移序。王宁等从合金学、准晶结构、准晶物性、晶体与准晶体相变关系等多个方面对此进行了研究,施倪承等则研究了具有 8 次对称轴的准晶几何对称理论的点群与单形。

王宁等首先提出 Penrose 拼图准晶结构模型,随后施倪承等又提出了准晶分数维结构模型。在认真研究分析了上述结构模型的优缺点之后,作者(陈敬中,1993;陈瀛等,2011)提出了具有 8 次对称性的纳米微粒多重分数维准晶结构模型。

10.3.2　8 次对称性准晶的基本特征

(1) 8 次对称性准晶胞

① 单一晶胞、组合准晶胞。

晶体结构的基本特点是在 2 维平面中由单一晶胞(平行四边形)周期平移构成,而准晶体结构的基本特点是两种或三种基本菱形按准周期平移构成。所以准晶体不同于晶体晶胞的选取原则,必须首先考虑选取两种或三种基本菱形单胞,再考虑如何由这类菱形生成组合准晶胞,既考虑组合准晶胞的对称性,又考虑使它们铺满 2 维平面空间。

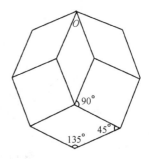

图 10.2　8 次对称性准晶胞

② 2 维 8 次对称轴的准晶胞。

具有 8 次对称性准晶体的准晶胞是由两种菱形组合而成,其中一种为正方形,另一种为 45°、135°菱形,两种菱形单胞拼成准晶组合准晶胞(图 10.2)。这两种基本菱形组合准晶胞的选取具有唯一性。

③ 具有 8 次准晶的对称性。

与传统晶体学对称理论不同,具有 8 次对称性的准晶出现了新的对称要素,2维 8 次对称性准晶属中级晶族 8 方晶系,对称特征是具有一个高次轴——8 次对称轴;2 维 8 次对称性准晶的另一个对称特征是具有自相似性准周期,自相似性准周期值(自相似性比例因子)为 $\sqrt{2}$,$1+\sqrt{2}$,即 1.4142,2.4142。

④ 中心拼图及 8 次对称轴。

以准晶胞图 10.2 为基本结构单元,以 O 为中心旋转 360°,得到中心拼图(图 10.3)。这种拼图结构具有 8 次对称性,并可按 $\sqrt{2}$,$1+\sqrt{2}$ 准周期生长成准晶 Penrose 结构模型。

⑤ 拼图具有无间隙特性。

拼图不仅具有 8 次对称性,而且可以

图 10.3　8 次对称性准晶体的中心拼图

用两种基本菱形——正方形与 45°、135°菱形及组合准晶胞拼满整个 2 维平面。

　　（2）三角十六面体及其 2 维投影

　　施倪承等提出了与 8 次对称轴准晶体有关的两种具有 10 次配位的多面体,其中一种为三角十六面体,如图 10.4(a)所示,$a_1 = 0.31$nm,$a_2 = 0.37$nm,$R_1 = 0.29$nm,$R_2 = 0.31$nm;图 10.4(b)为图 10.4(a)的投影,R_1 的投影长 $R_1' = 0.27$nm。

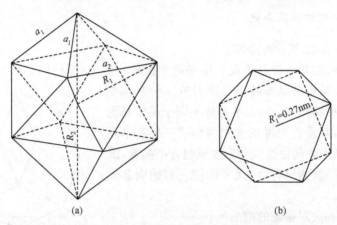

(a)　　　　　　　　　　　　(b)

图 10.4　三角十六面体及其沿 8 次轴的投影

　　（3）三角十六面体 2 维投影图及其周期拼接方式

　　沿三角十六面体的 8 次对称轴投影获得 2 维图形,即正八边形。用正八边形按共角顶方式可拼成周期拼图,如图 10.5(a)所示。这种拼图并不具备 8 次对称轴,而且拼图具有明显的空隙,不可能是准晶结构模型。用正八边形还可按共棱方

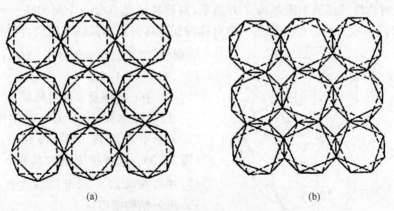

(a)　　　　　　　　　　　　(b)

图 10.5　三角十六面体沿 8 次对称轴 2 维投影图的周期拼接图

(a) 共角顶方式;(b) 共棱方式

式拼成另一种结构模型,如图 10.5(b)所示。这种拼图也不具备 8 次对称轴,拼图结构有较大的空洞,也不可能是准晶结构模型。

（4）与 8 次对称性准晶相有关的成分

已发现的 8 次对称性准晶成分有以下几种元素组合。

① V-Ni-Si 组合。

元素	原子半径	基态电子构型	晶体结构
V	$R=0.1321nm$	$[Ar]3d^3 4s^2$	体心立方
Cr	$R=0.1305nm$	$[Ar]3d^5 4s^1$	体心立方、六方密集
Ni	$R=0.1246nm$	$[Ar]3d^8 4s^2$	六方密集
Si	$R=0.1431nm$	$[Ne]3s^2 3p^2$	金刚石立方

② Mn-Al-Si,Mn-Fe-Si,Mn-Si 组合。

元素	原子半径	基态电子构型	晶体结构
Mn	$R=0.1366nm$	$[Ar]3d^5 4s^2$	立方,四方
Fe	$R=0.1289nm$	$[Ar]3d^6 4s^2$	体心立方、面心立方
Al	$R=0.1431nm$	$[Ar]3s^2 3p^1$	面心立方

上述元素的原子半径在 0.1250～0.1431nm,键长均在 0.250～0.290nm,个别元素的原子半径较小,如 Si 等,它们与准晶结构有关参数均吻合。

10.3.3　8 次对称性准晶的结构模型

（1）1 维周期,2 维准周期

8 次对称性准晶结构具有 1 维周期、2 维准周期。沿 8 次对称轴方向准晶结构模型为周期结构,周期为 0.63nm;垂直 8 次对称轴的 2 维平面为准周期结构,自相似放大或缩小的比例因子为 $\sqrt{2}$,$1+\sqrt{2}$。

（2）用八边形晶胞的放大对称操作推导 8 次准晶结构

具有 8 次对称性的准晶结构模型中,三角十六面体(图 10.4)(8＋2＝10 次配位多面体)按规律反复出现,可见其在 8 次对称性准晶结构中的地位。

实际准晶研究中也反映出这种配位多面体的 2 维投影的八边形准周期生长中按 8 次对称性及自相似放大或缩小的对称规律反复出现。

归纳其在准晶结构中的意义有如下几点：

① 三角十六面体由 16 个相等的等腰三角形拼接而成。

② 三角十六面体是一种 10 次配位多面体,围绕 8 次轴有 8 个,加上上、下角顶 2 个,共有 10 个,形成 10 次配位多面体。

③ 三角十六面体具有一个 8 次对称轴。

④ 沿 8 次对称轴投影得到正八边形。

⑤ 三角十六面体按准周期自相似放大或缩小,按一定的几何作图方式可以生成分数维图形。

⑥ 这类分数维图中三角十六面体按 8 次对称性及准周期放大或缩小规律重复出现。

⑦ 这类分数维图与 Penrose 拼图密切相关。

⑧ 这类分数维图与 8 次对称性准晶结构密切相关。

(3) 三角十六面体 2 维投影图及其准周期拼接方式

三角十六面体 2 维投影自相似放大操作可以生成具有准周期的准晶分数维结构模型。施倪承、沈步明等推导的这种准晶结构的生成过程如图 10.6 所示。

沿三角十六面体的 8 次对称轴投影,就得到一正八边形的 2 维图形,如图 10.4(b)所示。施倪承等以正八边形为晶胞,如图 10.6(a)所示,以 $R_n = R_{n-1} \times (1+\sqrt{2})$ 为大一级的放大平移向量得到图 10.6(b)～图 10.6(e)。

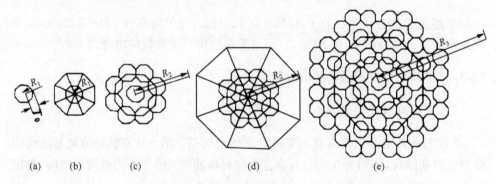

(a)　　(b)　　(c)　　　　(d)　　　　　(e)

图 10.6　用八边形晶胞的放大对称操作推导 8 次准晶结构的 2 维图形
(a) 正八边形;(b) 以 5.4142 准周期值放大操作;(c),(d),(e)八边形晶胞的
放大对称操作推导 8 次准晶结构 2 维图形作 Penrose 拼图覆盖 2 维图形

多重分数维准晶结构模型(陈敬中,1993;陈瀛等,2011)是以图 10.7(a)作出 8 次对称性的准晶胞,以 2.4142 准周期值放大(或缩小)操作,再作 1/8 独立区的 Penrose 拼图;然后以 8 次对称轴作旋转操作,生成具有 8 次对称性的多重分数维准晶结构模型[图 10.7(b)]。另外一种多重分数维准晶结构模型是以图 10.7(c)

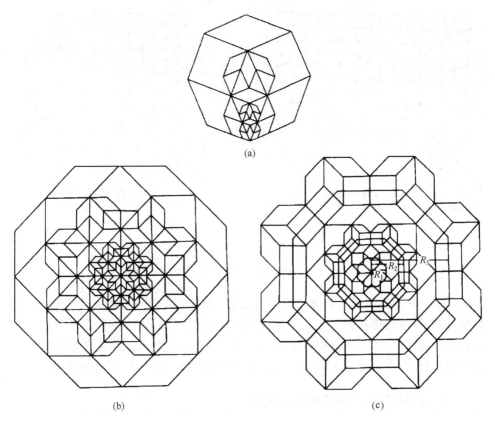

图 10.7　两种具有 8 次对称性的准晶多重分数维结构模型的的对比

(a) 作 8 次对称性的准晶胞，以 2.4142 准周期值放大（或缩小）操作，再作 1/8 独立区的 Penrose 拼图；
(b) 以 8 次对称轴旋转操作，生成具有 8 次对称性的准晶多重分数维结构模型；(c) 以八边形晶胞
的放大对称操作推导 8 次准晶结构的 2 维图像

八边形晶胞的放大对称操作推导 8 次准晶结构的 2 维图像。这两种多重分数维准晶结构模型对比结果表明，两种准晶结构是相同的和相似的。

（4）Penrose 拼图

以 45°，135°菱形与正方形可以生成准周期 Penrose 准晶结构拼图，也可以生成周期 Penrose 晶体结构拼图。

图 10.8 (a) 为 45°、135°菱形与正方形生成的 Penrose 周期结构拼图，图 10.8 (b) 为 45°、135°菱形与正方形生成的 Penrose 准周期结构拼图。由此可见，8 次对称性准晶结构与 4 次对称性晶体结构之间有着密切联系。

具有 8 次对称性的 Penrose 准周期拼图有两种类型：一种是数学上严格有规自相似性 Penrose 拼图，另一种是统计意义上的无规自相似性 Penrose 拼图。这

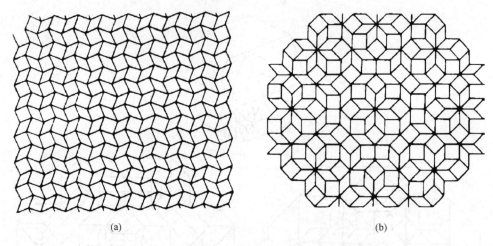

(a)　　　　　　　　　　　　　　　　　　　(b)

图 10.8　正方形与 45°、135°菱形生成的拼图

(a) Penrose 周期结构拼图；(b) Penrose 准周期结构拼图

两种 Penrose 拼图与准晶结构有密切的关系，第一种拼图可以反映理想准晶结构模型，第二种拼图更接近于实际准晶体的结构模型。Penrose 拼图中心具三角十六面体，这种配位多面体结构单元与三角十六面体分数维生长的准晶结构模型中心图形相似，但在尺度上有差异。上述拼图具有自相似性放大、缩小准周期。

10.3.4　准晶结构与晶体结构的过渡关系

β-Mn 晶体结构（图 10.9）可以看成是正方形与 45°、135°菱形的周期 Penrose 拼图结构，具有 8 次对称性的准晶结构则是正方形与 45°、135°菱形按准周期生成的 Penrose 拼图结构。

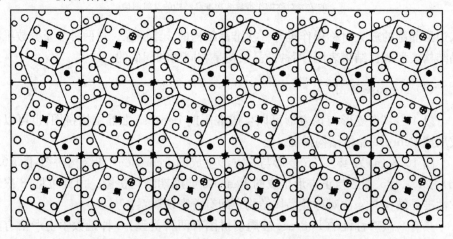

图 10.9　β-Mn 晶体结构的投影图（正方形与 45°、135°菱形结构单元呈周期排列）

在急冷凝固的 Cr-Ni-Si 合金中,除了发现具有 8 次对称性的准晶外,还发现一种与 8 次对称性准晶密切相关的晶体结构,β-Mn 合金相与它共存。比较 8 次对称性准晶结构与 β-Mn 晶体结构,两者有相似或相同的结构单元,并且有相同的方位关系(45°)。所不同的是正方形与 45°、135°菱形两种结构单元在 β-Mn 结构中呈周期性排列,显示出 4 次旋转对称性;而在 8 次对称性准晶中则呈准周期排列,显示出 8 次对称性。这两种不同的排列方式已经为高分辨电子显微镜图像所证实。8 次对称性准晶与 β-Mn 结构具有类似的结构单元,只是排列方式不同而已,因此,它们常常伴生在一起。在后来发现的一些 8 次对称性的准晶合金中,如 Mn-Al-Si,这种伴生现象也是经常出现的。

加热过程中用电子显微镜可观察到 8 次对称,此时准晶准周期结构可以转变为 β-Mn 周期结构。开始的 8 次对称性准晶的电子衍射图、所有衍射斑点都是 8 个一组,并围绕中心呈 8 次对称分布;随着相变的进行,这 8 个一组的斑点逐渐失去 8 次对称,两两互相靠近,形成 4 对斑点,显示 4 次旋转对称性;之后每对斑点间的距离逐渐缩小,直到最后完全相重,变成 β-Mn 结构的正方格子电子衍射图。

8 次对称性准晶之所以能向 β-Mn 结构连续转变,是因为它们有相似甚至相同的结构单元,只要改变它们的排列方式,就可以从 8 次对称性准晶的准周期排列逐渐过渡到 β-Mn 结构的周期排列。随着准周期排列逐渐消失,相对应的周期排列就会不断增多,这种周期平移序的不断增加,必然导致 8 次对称性准晶连续转变成 β-Mn 结构。结果表明,具有 8 次对称性准晶与取向有序的微畴在结构上可能没有严格的界限。因此,可以认为

① β-Mn 晶体结构本质上是 Penrose 周期拼图;

② 8 次对称性准晶结构本质上是 Penrose 准周期拼图;

③ 两者之间有过渡关系。

10.3.5　8 次对称性准晶的纳米微粒多重分数维结构

(1) 8 次对称性的准晶

1987 年中国科学院沈阳金属研究所的王宁、郭可信等在急冷凝固的 $Cr_5Ni_3Si_2$ 和 $V_{15}Ni_{10}Si$ 合金中发现了具有 8 次对称性的准晶物质,沿 8 次方向呈周期结构排列,垂直 8 次对称轴的 2 维方向上呈准周期分布,构成准晶结构。采用 Penrose 拼图模型中正方形和 45°、135°菱形两种单胞为基本单元,构成了三种组合晶胞(1 个方形 6 个菱形、2 个方形 4 个菱形以及 3 个方形 2 个菱形)。随后他们又在 Mn-Fe-Si 和 Mn-Si 合金中发现了类似的现象。

1993 年陈敬中提出了由一种为正方形,另一种为 45°、135°菱形组合而成的具有 8 次对称性准晶体的准晶胞。以这种准晶胞的组合为基本结构单元,以 O 为中

心旋转360°得到中心拼图。

　　这两种基本菱形的组合准晶胞选取具有唯一性。具有8次对称性的2维准晶,属中级晶族的八方晶系,具有一个8次对称轴,自相似性比例因子为1.4142($\sqrt{2}$)、2.4142($1+\sqrt{2}$),具有自相似性准周期。

　　以图10.10(b)中的准晶胞为结构基本单元,将O作为中心旋转360°就得到了中心拼图,可按$\sqrt{2}$、$1+\sqrt{2}$准周期值生长成Penrose拼图的准晶结构模型。这样可以用两种基本菱形,正方形与45°、135°菱形及其组合成的准晶胞拼满整个2维平面空间。

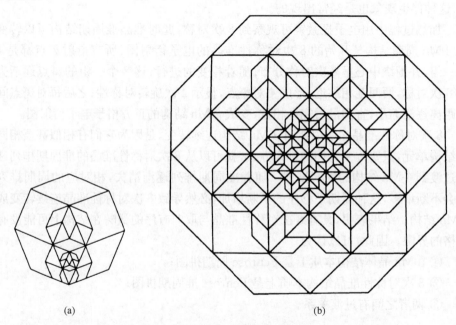

(a)　　　　　　　　　　　　　　　　　　(b)

图10.10　具有8次对称性准晶的纳米微粒多重分数维结构模型

(a) 先作出8次对称性的准晶胞,再以1.4142(2.4142)为准周期值进行放大(或缩小)操作,进一步作出
1/8独立区内的Penrose拼图;(b) 以8次对称轴作旋转操作,可以生成具有8次对称性纳米微粒
多重分数维准晶结构模型

　　在研究分析准晶Penrose结构模型、玻璃模型、无规堆砌模型和微粒分数维模型的优点与缺点后,本节提出了具有8次对称性的纳米微粒多重分数维准晶结构模型。

　　(2) 纳米微粒多重分数维结构模型

　　考虑到正方形与45°、135°菱形生成的Penrose拼图优点,同时也考虑到三角十六面体分数维生长的特点,更为重要的是考虑到这种组合准晶胞具有多重分数维生长的优点,以正方形与 45°、135°菱形为基本单元,可以生成组合准晶胞,以这种组合准晶胞为基本单位进行对称操作,同时,根据正方形与 45°、135°菱形拼满平面的原则,可作出 1/8 独立区内的 Penrose 拼图。以 1.4142($\sqrt{2}$)、2.4142(1+$\sqrt{2}$)作重复准周期进行放大、缩小操作,即 $R_n = R_{n-1} \times 2.4142$,$R_n = R_{n-1} \times 1.4142$,最后以高次对称轴(8 次轴)作旋转操作,就可以生成理想的具有 8 次对称性的纳米微粒多重分数维准晶结构模型,如图 10.10 所示。

图 10.11 是 1989 年王宁等拍摄的具有八次对称性准晶的高分辨电子显微镜图像及电子衍射花样,与图 10.10 具有 8 次对称性准晶的纳米微粒多重分数维结构模型相互对应的。

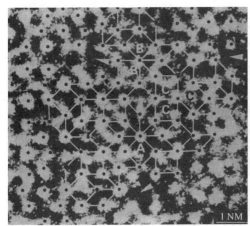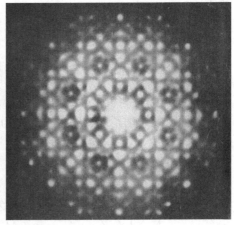

图 10.11　具有八次对称性准晶的高分辨电子显微镜图像及电子衍射花样(王宁,1989)

(3) 多重分数维表征值

具有 8 次对称性准晶的纳米微粒多重分数维结构模型,可用二重分数维值表征,分别为 2.72⋯、2.93⋯。计算过程和结果如下:

$$D_1(8 次) = \log 11 / \log(1+\sqrt{2}) = \log 11 / \log 2.414 = 2.72\cdots$$

$$D_2(8 次) = \log(11 \times 16) / \log(1+\sqrt{2})^2 = \log 176 / \log 5.828 = 2.93\cdots$$

10.4　10 次对称性准晶结构

10.4.1　10 次对称性准晶的研究概述

十边形 2 维准晶由于具有一个 10 次旋转对称轴,所以它应呈柱状外形。俄罗斯学者边杰尔斯基(Bendersky,1985)采用电子衍射的方法,在低 Mn 含量(小于

17%)的 Al-Mn 合金中观察到了 8 次对称的物相,在高 Mn 含量(大于 22%)情况下,观察到了十边形 2 维准晶,在这类合金中用透射电子显微镜(TEM)观察到了十边形 2 维准晶的十边形截面。中国科学院物理研究所冯国光等(Fung et al.,1986)发现急冷 Al-Fe 合金有十次对称的准晶。何伦雄等(He et al.,1988)按 $Al_{65}Cu_{20}Co_{15}$ 的成分配比在带磁搅拌的非自耗炉中多次熔化以使样品均匀化,炉冷铸锭敲开后,可以获得具 10 次对称性的准晶样品。利用电子显微镜观察到 $Al_{65}Cu_{20}Co_{15}$ 合金在正常凝固条件下存在 c 为 0.4nm,0.8nm、1.2nm 和 1.6nm 的 4 种周期的稳定十边形 2 维准晶,在与它正交的平面内呈准周期排列,准周期值与无理数 $\sqrt{5}$ 有关,无理数 $\sqrt{5}$ 与结构图形中的 36°、72°有关,排列序则与 Fibonacci 系列相关。

10.4.2　10 次对称性准晶的基本特征

(1) 10 次对称性准晶胞

① 单一晶胞和组合准晶胞。

前面已经讨论了晶体中单一晶胞与准晶中的组合准晶胞不同的选取原则,这里从略。

② 2 维 10 次准晶胞。

具有 10 次对称性准晶体的准晶胞是由两种菱形组合而成的,其中一种菱形为 36°、144°,另一种菱形为 72°、10°。两种菱形单胞拼成的准晶组合准晶胞,如图 10.12所示。两种基本菱形选取具有唯一性。

图 10.12　10 次对称性准晶胞

③ 10 次准晶的对称性。

突破传统晶体学的对称理论,具有 10 次对称性的准晶出现了一些新的对称要素:2 维 10 次对称性准晶属中级晶族 10 方晶系、一个对称特征是具有 10 次对称轴;另一个对称特征是具有自相似性准周期。自相似性准周期值(自相似性比例因子)为 $(\sqrt{5}+1)/2$,$1+(\sqrt{5}+1)/2$,即 1.6180,2.6180。

④ 中心拼图及 10 次对称轴。

以准晶胞图 10.12 为基本结构单元,以 O 为中心旋转 360°,得到中心拼图(图 10.13)。这种拼图结构具有 10 次对称性,并可按 $(\sqrt{5}+1)/2$,$1+(\sqrt{5}+1)/2$ 准周

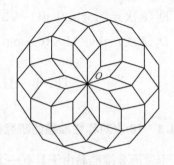

图 10.13　10 次对称性准晶胞中心拼图

期值生长成准晶 Penrose 结构模型。

⑤ 拼图具有无间隙特性。

拼图不仅具有 10 次对称性,而且可以用两种即 36°、144°与 72°、108°菱形及组合准晶胞拼满整个 2 维平面。

(2) 三角二十面体及其 2 维投影

与 10 次对称准晶体有关的配位多面体是 12 次配位多面体。这是一种三角二十面体,可以看成正二十面体沿一 $\bar{5}$ 次对称轴拉伸或压缩形成。实际准晶研究中也反映出这种配位多面体在 2 维投影的十边形准周期生长中按 10 次对称性及自相似性放大对称规律反复出现。

具有 10 次对称性的准晶结构模型中,三角二十面体(12 次配位多面体)按规律反复出现,可见其在 10 次准晶结构中的重要地位,总结其在准晶结构中的意义有如下几点(图 10.14,$a_1=0.3\mathrm{nm}$,$a_2=0.36\mathrm{nm}$,$R_0=0.28\mathrm{nm}$,R_0 的投影长度 $R_0'=0.26\mathrm{nm}$):

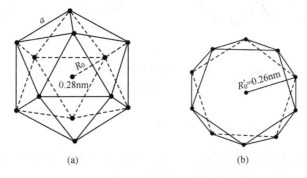

(a)　　　　　　　　　　(b)

图 10.14　三角二十面体及其沿 10 次旋转对称轴的投影

① 三角二十面体由 20 个相等的等腰三角形拼接而成;

② 三角二十面体是一种 12 次配位多面体;

③ 三角二十面体具有 10 次旋转对称轴;

④ 三角二十面体可以看成正二十面体沿一 $\bar{5}$ 次对称轴拉伸而成;

⑤ 沿 10 次对称轴投影得到正十边形;

⑥ 三角二十面体按自相似性放大(或缩小)准周期和一定的几何作图方式可以生成分数维图形;

⑦ 这类分数维图中三角二十面体按 10 次对称性及准周期规律出现;

⑧ 这类分数维图与 Penrose 拼图密切相关;

⑨ 这类分数维图与 10 次对称性准晶结构密切相关。

（3）三角二十面体 2 维投影图及其周期拼接方式

沿拉伸或压缩二十面体或三角二十面体的 $\bar{5}$ 次对称轴作 2 维投影可获得 2 维图形，即正十边形，用正十边形共角顶和共棱拼成周期结构拼图（图 10.15），这种拼图结构不具备 $\bar{5}$ 次或 10 次对称轴，拼图空隙大，因此不可能是准晶结构模型。

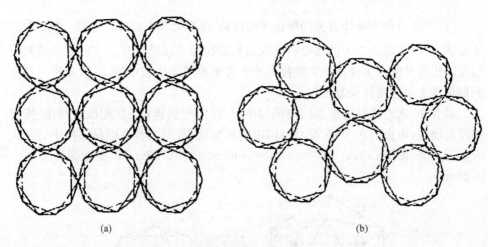

(a)   (b)

图 10.15　正十边形共角顶和共棱连接的拼图

(a) 共角顶；(b) 共棱

（4）与 10 次对称性准晶相关的成分

已发现的 10 次对称性准晶很多，成分有以下几种元素的组合：

① 二元素系列 Al_5Ru，Al_5Rh，Al_5Pd，Al_5Os ，Al_5Ir ，Al_5Pt。

元素	原子半径	基态电子的构型	晶体结构
Al	$R=0.1431nm$	$[Ne]3s^2 3p^1$	面心立方
Ru	$R=0.1325nm$	$[Kr]4d^7 5s^1$	六方密积
Ph	$R=0.1345nm$	$[Kr]4d^8 5s^1$	面心立方
Pd	$R=0.1376nm$	$[Kr]4d^{10}$	面心立方
Os	$R=0.1340nm$	$[Xe]4f^{14} 5d^6 6s^2$	六方密积
Ir	$R=0.1357nm$	$[Xe]4f^{14} 5d^7 6s^2$	面心立方
Pt	$R=0.1388nm$	$[Xe]4f^{14} 5d^9 6s^1$	面心立方

② 二元素系列 Al-Cr，Al_4Mn，Al_4Fe，Al-Co，Al_4Ni，$Mn_{19.4}Fe_{2.6}$。

元素	原子半径	基态电子的构型	晶体结构
Al	$R=0.1431nm$	$[Ne]3s^2 3p^1$	面心立方
Cr	$R=0.1431nm$	$[Ar]3d^5 4s^1$	体心立方、六方密积
Mn	$R=0.1366nm$	$[Ar]3d^6 4s^2$	立方、四方
Fe	$R=0.1289nm$	$[Ar]3d^6 4s^2$	体心立方，六方密积
Co	$R=0.1253nm$	$[Ar]3d^7 4s^2$	面心立方，六方密积
Ni	$R=0.1246nm$	$[Ar]3d^8 4s^2$	面心立方，六方密积

③ 三元素系列 $Al_{65}Cr_{20}Mn_{15}$，$Al_{65}Cu_{20}Fe_{15}$，$Al_{65}Cu_{20}Co_{15}$，$Al_{75}Cu_{10}Ni_{15}$。

元素	原子半径	基态电子的构型	晶体结构
Al	$R=0.1431nm$	$[Ne]3s^2 3p^1$	面心立方
Cr	$R=0.1431nm$	$[Ar]3d^5 4s^1$	体心立方，六方密积
Mn	$R=0.1366nm$	$[Ar]3d^6 4s^2$	立方、四方
Fe	$R=0.1289nm$	$[Ar]3d^6 4s^2$	体心立方，六方密积
Co	$R=0.1253nm$	$[Ar]3d^7 4s^2$	面心立方，六方密积
Ni	$R=0.1246nm$	$[Ar]3d^8 4s^2$	面心立方，六方密积
Cu	$R=0.1278nm$	$[Ar]3d^{10} 4s^1$	立方、四方

④ 三元素系列 V-Ni-Si。

元素	原子半径	基态电子的构型	晶体结构
V	$R=0.1321nm$	$[Ar]3d^3 4s^2$	体心立方
Ni	$R=0.1246nm$	$[Ar]3d^8 4s^2$	六方密积
Si	$R=0.1172nm$	$[Ar]3s^2 3p^2$	金刚石立方

上述原子半径在 0.1250～0.1431nm，键长在 0.250～0.290nm，它们与下述准晶结构参数吻合。

10.4.3　10 次对称性准晶的结构模型

(1) 1 维周期，2 维准周期

10 次对称性准晶结构具有 1 维周期、2 维准周期，沿 10 次对称轴方向为周期结构，周期为 0.4nm，0.8nm，1.2nm 和 1.6nm；垂直 8 次对称轴方向为准周期结构,自相似放大比例因子为$(\sqrt{5}+1)/2,1+(\sqrt{5}+1)/2$。

(2) 用十边形晶胞的放大(或缩小)对称操作推导 10 次准晶结构

用十边形晶胞的放大(或缩小)对称操作可以推导出 10 次准晶结构 2 维图形,如图 10.16 所示。图中,(a)为正十边形;(b)是以 2.6180 准周期值放大(或缩小)操作;(c)是用十边形晶胞的放大(或缩小)对称操作推导出的 10 次准晶结构 2 维图形;(d)为作 Penrose 拼图覆盖 2 维图形。

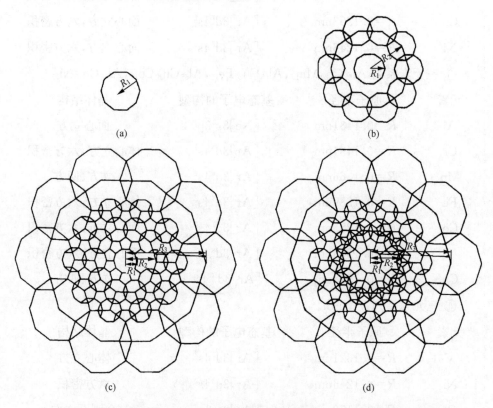

(a)　　　　　　　　　　(b)

(c)　　　　　　　　　　(d)

图 10.16　用十边形晶胞的放大(或缩小)对称操作推导 10 次准晶结构 2 维图形
(a) 正十边形;(b) 以 2.6180 准周期值放大(或缩小)操作;(c) 用十边形晶胞的放大(或缩小)对称
操作推导出的 10 次准晶结构 2 维图形;(d) 作 Penrose 拼图覆盖 2 维图形

(3) 三角二十面体 2 维投影及其准周期拼接方式

沿三角二十面体的 10 次旋转对称轴投影,就能得到一正十边形的 2 维图形,如图 10.16(b)所示。按施倪承等推导 8 次对称性准晶结构模型的方法,以这种正十边形为晶胞,以 $R_n = R_{n-1} \times [1+(\sqrt{5}+1)/2]$ 为大一级的放大平移向量得到

图 10.16(b)～10.16(d)。

(4) Penrose 拼图

具有 10 次对称性的 Penrose 准周期拼图有两种类型,一种是数学上严格有规自相似性 Penrose 拼图(图 10.17),另一种是统计意义上的无规自相似性 Penrose 拼图。这两种 Penrose 拼图与准晶结构有密切的关系。第一种拼图可以反映理想准晶结构模型,第二种拼图更接近于实际准晶体的结构模型。Penrose 拼图中心具有三角二十面体,这种配位多面体结构单元与三角二十面体分数维生长的准晶结构模型中心图形相似,但在尺度上有差异。上述拼图具有自相似性放大或缩小准周期。

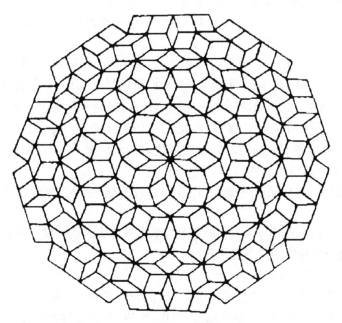

图 10.17　36°、144°与 72°、108°菱形准周期拼图

10.4.4　10 次对称性准晶的纳米微粒多重分数维结构

(1) 10 次对称性的准晶

具有 10 次对称性准晶体的准晶胞是由两种菱形组合而成的(陈敬中,1993;陈瀛等,2011),其菱形分别为 36°、144° 和 72°、108°,两种菱形单胞拼成准晶的组合"准晶胞"。这两种基本菱形的选取具有唯一性。2 维 10 次对称性准晶,属中级晶族的十方晶系,具有一个高次轴——10 次对称轴,具有自相似性准周期,自相似比

例因子为 $(1+\sqrt{5})/2$、$1+(1+\sqrt{5})/2$，即 1.6180、2.6180。以准晶胞结构为基本单元，以 O 为中心旋转 360°得到中心拼图。这种拼图结构具有 10 次对称性，并可按 $(1+\sqrt{5})/2$、$1+(1+\sqrt{5})/2$ 准周期值生长成 Penrose 准晶结构模型。可以用 36°、144°与 72°、108°两种基本菱形及其组合准晶胞拼满整个 2 维平面。

在研究分析了准晶 Penrose 结构模型、玻璃模型、无规堆砌模型和微粒分数维模型的优点和缺点之后，作者提出了具有 10 次对称性的纳米微粒多重分数维准晶结构模型。

(2) 纳米微粒多重分数维结构模型

纳米微粒多重分数维准晶结构模型，综合考虑到三角二十面体分数维生长的优点及 36°、144°菱形与 72°、108°菱形生成 Penrose 拼图的优点，更重要的是考虑到组合准晶胞多重分数维生长的优点。

以 72°、108°与 36°、144°菱形为基本单元，生成组合准晶胞，以此为基本单元进行对称操作，再根据 72°、108°与 36°、144°菱形拼满平面的原则，作出 1/10 独立区内的 Penrose 拼图。以 $1.6180[(1+\sqrt{5})/2]$、$2.6180[1+(1+\sqrt{5})/2]$ 作重复准周期值进行放大（或缩小）操作，即 $R_n = R_{n-1} \times 2.6180$，$R_n = R_{n-1} \times 1.6180$，最后以高次对称轴（10 次轴）作旋转操作，就可以生成理想的具有 10 次对称性的纳米微粒多重分数维准晶结构模型。

在此基础上我们提出一种新的 10 次对称性的准晶结构模型，该模型具有以下特征：

① 以 36°、144°菱形与 72°、108°菱形为基本单元生成组合准晶胞；

② 以组合准晶胞为单位操作；

③ 作 1/10 独立区内的 Penrose 拼图；

④ 以 2.6180 作准周期值进行放大、缩小操作，即 $R_n = R_{n-1} \times 2.6180$；

⑤ 以高次对称轴（10 次轴）作旋转操作，生成 10 次对称性准晶多重分数维结构模型。

图 10.18 是具有 10 次对称性准晶的纳米微粒多重分数维结构模型及电子衍射花样。图 10.18(a)中先作出 10 次对称性的准晶胞，以 2.6180(1.6180)准周期值作放大（或缩小）操作，进而作 1/10 独立区内的 Penrose 结构拼图；图 10.18(b)再以 10 次对称轴作旋转操作，生成具有 10 次对称性的纳米微粒多重分数维准晶结构模型；图 10.18(c)是具有 10 次对称性准晶的电子衍射花样。

这种新的具有 10 次对称性的准晶结构模型也是一种 Penrose 拼图，并具有三角二十面体分数维生长特点，模型更符合 10 次对称性准晶的结构特点。

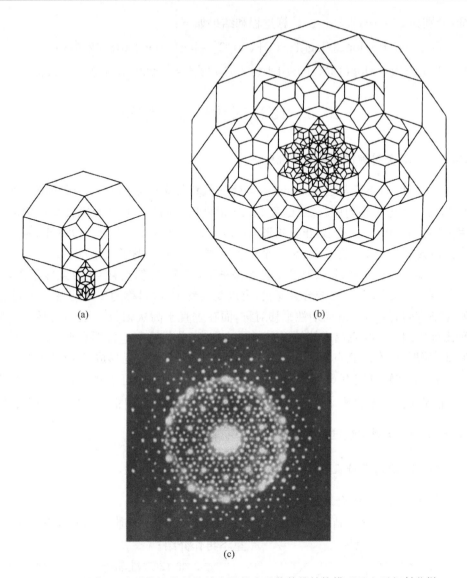

图 10.18　具有 10 次对称性准晶的纳米微粒多重分数维结构模型及电子衍射花样

（本图片由郭可信提供）

（a）先作出 10 次对称性的准晶胞，以 2.6180(1.6180)准周期值作放大（或缩小）操作，进而作 1/10
独立区内的 Penrose 结构拼图；（b）再以 10 次对称轴作旋转操作，生成具有 10 次对称性的
纳米微粒多重分数维准晶结构模型；（c）具有 10 次对称性准晶的电子衍射花样

（3）多重分数维表征值

具有 10 次对称性准晶的纳米微粒多重分数维结构模型，可用二重分数维值表

征,分别为 2.67…,2.89…。计算过程和结果如下:

$$D_1(10 \text{次}) = \log 13/\log[1+(1+\sqrt{5})/2] = \log 13/\log 2.618 = 2.67\cdots$$

$$D_2(10 \text{次}) = \log(13\times 20)/[1+(1+\sqrt{5})/2]^2 = \log 260/\log 6.854 = 2.89\cdots$$

10.5　12 次对称性准晶结构

10.5.1　12 次对称性准晶的研究概述

1985 年,日本森昌宏(Ishimasa)等就从氩蒸气态凝聚的 Cr-Ni 微粒中发现了 12 次对称的电子衍射图,微粒也有十二角形外貌。高分辨电子显微镜图像中的亮点分别构成 30°、150°菱形,正三角形(或 60°,120°菱形)及正方形。1988 年,陈焕等在急冷凝固的 V-Ni 及 V-Ni-Si 合金中也观察到 12 次对称的 2 维准晶。

陈焕等(Chen et al.,1988)在氩气保护下,对金属进行再熔化及急冷凝固,获得了 V_3Ni_2 及 $V_{15}Ni_{10}Si$ 的合金薄膜,可以观察到 12 次对称的 2 维准晶。在 12 次对称轴方向有 0.45nm 周期性平移对称,而在垂直于高次轴(12 次轴)的平面内呈现出准周期性。与森昌宏等的研究不同的是,高分辨透射电镜图亮点显示几乎没有 30°菱形,所有的亮点几乎均由正三角形和方形构成,然后形成了 12 次对称。

在 12 次轴方向有 0.45nm 周期性平移对称,而在与它正交的平面内呈准周期性,准周期值与无理数 $\sqrt{3}$ 是密切相关的,无理数与准晶结构图形中的 30°、60°有关。

10.5.2　12 次对称性准晶的基本特征

(1) 12 次对称性准晶胞

① 单一晶胞、组合准晶胞。

前面已经讨论了晶体中单一晶胞与准晶中的组合准晶胞不同的选取原则,这里不再作介绍。

② 2 维 12 次准晶胞。

12 次对称性准晶的准晶胞是由 3 种菱形组合而成,其中一种为正方形,另一种为 30°、150°菱形,还有一种为 60°、120°菱形,3 种形状的单胞拼成准晶组合准晶胞,如图 10.19 所示。这 3 种基本图形的选取具有唯一性。

③ 12 次准晶的对称性。

突破传统晶体学对称理论,具有 12 次

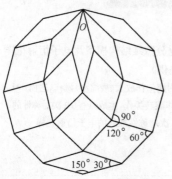

图 10.19　12 次对称性准晶胞

对称性的准晶出现了新的对称要素:2 维 12 次对称性准晶属中级晶族 12 方晶系,对称特征是具有一个 12 次对称轴;另一个对称特征是具有自相似性准周期,自相似性准周期值值(自相似性比例因子)为 $\sqrt{3}$,$1+\sqrt{3}$,即 1.7321,2.7321。

④ 中心拼图及 12 次对称轴。

以图 10.19 准晶胞为基本结构单元,以 O 为中心旋转 360°,得到中心拼图(图 10.20),这种拼图结构具有 12 次对称性,并可按 $\sqrt{3}$,$1+\sqrt{3}$ 准周期值值生长成准晶 Penrose 结构模型。

⑤ 拼图具有无间隙特性。

拼图不仅具有 12 次对称性,而且可以用 3 种基本图形——30°、150°菱形,60°、120°菱形及正方形与组合准晶胞拼满整个 2 维平面。

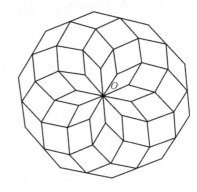

图 10.20　12 次对称性准晶中心拼图

(2) 三角二十四面体及其 2 维投影

与 12 次对称准晶有关的多面体是 14 次配位多面体,这种配位多面体为三角二十四面体[图 10.21(a)]。

具有 12 次对称性的准晶结构模型中,三角二十四面体按此对称性及自相似放大对称规律反复出现,可见其在 12 次准晶结构中的重要地位,总结其在准晶结构中的意义有如下几点:

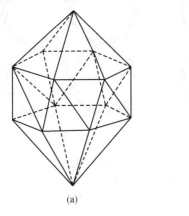

(a)

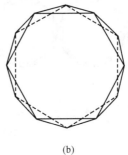

(b)

图 10.21　三角二十四面体(a)及投影(b)

① 三角二十四面体由 24 个相等的等腰三角形拼接而成;

② 三角二十四面体是一种 14 次配位多面体;

③ 三角二十四面体具有 12 次旋转对称轴;

④ 沿 12 次对称轴投影得到正十二边形,见图 10.21(b);

⑤ 三角二十四面体按自相似放大(或缩小)准周期和一定的几何作图方式可以生成分数维图形;

⑥ 这类分数维图中三角二十四面体按 12 次对称性及准周期规律出现;

⑦ 这类分数维图与 Penrose 拼图密切相关;

⑧ 这类分数维图与 12 次对称性准晶结构密切相关。

(3) 三角二十四面体 2 维投影图及其周期拼接方式

沿三角二十四面体的 12 次对称轴投影获得 2 维图形,即正十二边形。用正十二边形按共角顶方式可拼成周期拼图,如图 10.22(a)所示。这种拼图不具备 12 次对称轴,而且拼图具有明显的空隙,因此不可能是准晶结构模型。用正十二边形还可按共棱方式拼成另一种结构模型,如图 10.22(b)所示。这种拼图也不具备 12 次对称轴,拼图结构仍有较大的空洞,因此,它也不可能是准晶结构模型。

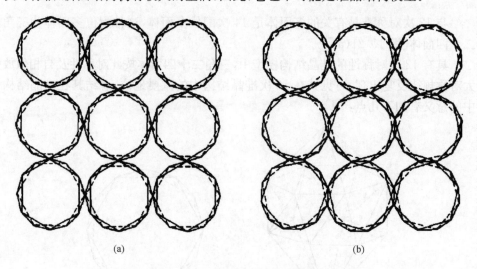

(a)   (b)

图 10.22　正十二边形共角顶和共棱连接的拼图
(a) 共角顶;(b) 共棱

(4) 与 12 次对称性准晶相关的成分

已发现的 12 次对称性准晶的成分有多种元素组合方式,如 $Cr_{70.6}Ni_{29.4}$, V_3Ni_2, $V_{15}Ni_{10}Si$ 等。

元素	原子半径	基态电子的构型	晶体结构
V	$R=0.1321\mathrm{nm}$	$[\mathrm{Ar}]3\mathrm{d}^3 4\mathrm{s}^2$	体心立方
Cr	$R=0.1305\mathrm{nm}$	$[\mathrm{Ar}]3\mathrm{d}^5 4\mathrm{s}^1$	体心立方,六方密积
Ni	$R=0.1246\mathrm{nm}$	$[\mathrm{Ar}]3\mathrm{d}^8 4\mathrm{s}^2$	面心立方,六方密积
Si	$R=0.1172\mathrm{nm}$	$[\mathrm{Ar}]3\mathrm{s}^2 3\mathrm{p}^2$	金刚石立方

原子半径在 $0.1250\sim0.1431\mathrm{nm}$,键长在 $0.250\sim0.290\mathrm{nm}$,个别元素原子半径较小,如 Si 等,它们与下述准晶结构有关参数均吻合。

10.5.3　12 次对称性准晶的结构模型

(1) 1 维周期,2 维准周期

12 次对称性准晶结构具有 1 维周期、2 维准周期,沿 12 次对称轴方向为周期结构,周期为 $0.45\mathrm{nm}$;垂直于 12 次对称轴方向为准周期结构,自相似放大比例因子为 $\sqrt{3}$,$1+\sqrt{3}$。

(2) 用十二边形晶胞的放大对称操作推导 12 次准晶结构

可以用十二边形晶胞的放大对称操作推导 12 次准晶结构的 2 维图形,如图 10.23 所示。

(3) 三角二十四面体 2 维投影及其准周期拼接方式

三角二十四面体 2 维投影自相似放大操作可以生成具有准周期的准晶分数维结构模型。沿三角二十四面体的 12 次旋转对称轴投影,就得到一正十二边形的 2 维图形。以正十二边形为晶胞,以 $R_n = R_{n-1}\times(1+\sqrt{3})$ 为大一级的放大平移向量得到图 10.23 等。这种准晶结构生成的推导过程如下:

① 正十二边形;

② 以 2.7321 准周期值放大操作;

③ 用十二边形晶胞的放大对称操作推导 12 次准晶结构 2 维图形;

④ 作 Penrose 拼图覆盖 2 维图形。

(4) Penrose 拼图

以 $30°$、$150°$ 及 $60°$、$120°$ 菱形与正方形为基本图形可以生成准周期 Penrose 准晶结构拼图(图 10.24)。

具有 12 次对称性的 Penrose 准周期拼图有两种类型,一种是数学上严格有规

图 10.23　用十二边形晶胞的放大对称操作推导 12 次准晶结构的 2 维图形

图 10.24　30°、150°及 60°、120°菱形与正方形生成的 Penrose 准周期结构拼图

自相似性 Penrose 拼图,另一种是统计意义上的无规自相似性 Penrose 拼图。这两种 Penrose 拼图与准晶结构有密切的关系,第一种拼图可以反映理想准晶结构模型,第二种拼图更接近于实际准晶体的结构模型。Penrose 拼图中心具有三角二十四面体,这种配位多面体结构单元与三角二十四面体分数维生长的准晶结构模型中心图形相似,但在尺度上有差异。上述拼图具有自相似性放大(或缩小)准周期。

10.5.4　准晶结构与晶体结构的过渡关系

尽管 12 次点阵是由 30°、150°菱形及 60°、120°菱形(或正三角形)与正方形准周期排列构成,但在 12 次准晶的高分辨图像中很少见到呈 30°、120°菱形分布的像点,主要是呈准周期排列的正三角形分布的像点。12 次准晶与 β-U 结构有相似甚至相同的结构单元,只是在 12 次准晶中的排列是准周期的,而在 β-U 结构中是周期的。12 次准晶常与 β-U 结构共生。

10.5.5　12 次对称性准晶的纳米微粒多重分数维结构

(1) 12 次对称性的准晶

具有 12 次对称性准晶体的准晶胞是由正方形和两种菱形组合而成(陈敬中,1993;陈瀛等,2011),其菱形的为 30°、150°和 60°、120°两种,这三种图形可拼成组合"准晶胞"。这三种基本图形的选取具有唯一性。具有 12 次对称性的准晶,属中级晶族的十二方晶系,具有 1 个高次轴——12 次对称轴和自相似性准周期。自相似性比例因子为 $\sqrt{3}$、$1+\sqrt{3}$,即 1.7321、2.7321。

以图 10.1(d)中的准晶胞为基本结构单元,再以 O 为中心旋转 360°得到中心拼图。这种拼图具有 12 次对称性,可按 $\sqrt{3}$、$1+\sqrt{3}$ 准周期值生成 Penrose 准晶结构模型。可以用 30°、150°及 60°、120°两种菱形与正方形及其组合准晶胞拼满整个平面。

在研究分析准晶 Penrose 结构模型、玻璃模型、无规堆砌模型和微粒分数维模型的优点及缺点后,我们提出了具有 12 次对称性的纳米微粒多重分数维准晶结构模型。

(2) 12 次对称性准晶的纳米微粒多重分数维结构模型

纳米微粒多重分数维准晶结构模型,是既考虑了三角二十四面体分数维生长的优点,又考虑了正方形与 30°、150°及 60°、120°菱形生成的 Penrose 拼图的优点,更重要的是考虑了组合准晶胞多重分数维生长的优点。

以 30°、150°及 60°、120°菱形和正方形为基本单元,生成组合准晶胞,以这种组合准晶胞为基本单位进行对称操作,然后根据 30°、150°与 60°、120°两种菱形和正方形拼满平面的原则,作出 1/12 独立区内的 Penrose 拼图。同时,以 2.7321 (1.7321)作重复准周期值进行放大(或缩小)操作,即 $R_n = R_{n-1} \times 2.7321$,$R_n = R_{n-1} \times 1.7321$,最后以高次对称轴(12 次对称轴)作旋转操作,就可以生成理想的具有 12 次对称性的纳米微粒多重分数维准晶结构模型。在此基础上,我们提出了一种新的 12 次对称性的准晶结构模型。该模型具有以下特征:

① 以 30°、150°及 60°、120°菱形与正方形为基本单元生成组合准晶胞;

② 以组合准晶胞为单位操作;

③ 作 1/12 独立区内的 Penrose 拼图;

④ 以 2.7321 作准周期值进行放大(或缩小)操作,即 $R_n = R_{n-1} \times 2.7321$;

⑤ 以高次对称轴(12 次轴)作旋转操作:

⑥ 生成 12 次对称性准晶多重分数维结构模型(见图 10.25)

这种新的具有 12 次对称性的准晶结构模型也是一种 Penrose 拼图,同时也具有三角二十四面体分数维生长特点,模型更符合 12 次对称性准晶的结构特点。

图 10.25 为具有 12 次对称性准晶的纳米微粒多重分数维结构模型及电子衍射花样,图 10.25(a)中先作出 12 次对称性的准晶胞,再以 2.7321(1.7321)准周期值作放大(或缩小)操作,进而作 1/12 独立区内的 Penrose 拼图;图 10.25(b)是以高次轴——12 次对称轴作旋转操作,生成具有 12 次对称性的多重分数维准晶结构模型;图 10.25(c)是具有 12 次对称性准晶的电子衍射花样。

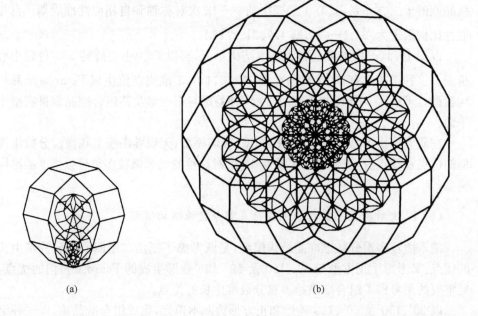

(a)　　　　　　　　　　　　　　(b)

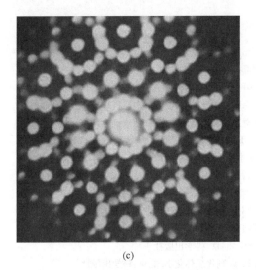

(c)

图 10.25　具有 12 次对称性准晶的纳米微粒多重分数维结构模型及电子衍射花样
（本图片由郭可信提供）

（a）先作出 12 次对称性的准晶胞，再以 2.7321(1.7321)准周期值作放大（缩小）操作，进而作 1/12
独立区内的 Penrose 拼图；（b）以高次轴——12 次对称轴作旋转操作，生成具有 12 次对称性的
多重分数维准晶结构模型；（c）具有 12 次对称性准晶的电子衍射花样

（3）多重分数维表征值

具有 12 次对称性准晶的纳米微粒多重分数维结构模型，可用二重分数维值表征，分别为 2.69…，2.93…。其中计算过程和结果如下：

$D_1(12\ 次)=\log 15/\log(1+\sqrt{3})=\log 15/\log 2.732=2.69\cdots$

$D_2(12\ 次)=\log(15\times24)/\log(1+\sqrt{3})^2=\log(15\times24)/\log 2.732^2=\log 360/\log 7.437=2.93\cdots$

参 考 文 献

陈敬中. 1993. 晶体学、准晶体学的发生和发展. 地球科学,增刊:1～12

陈敬中. 1993. 具有 8 次对称性的准晶结构模型. 地球科学,增刊:105～113

陈敬中. 1993. 具有 10 次对称性的准晶结构模型. 地球科学,增刊:114～121

陈敬中. 1993. 具有 12 次对称性的准晶结构模型. 地球科学,增刊:122～123

陈敬中. 1993. 准晶结构与 Penrose 拼图. 地球科学,增刊:56～62

陈敬中. 1993. 准晶体的基本性质. 地球科学,增刊:13～24

陈敬中. 1994. 准晶纳米微粒多重分数维结构模型. 中国矿物学岩石学地球化学研究新进展(欧阳自远等):兰州大学出版社

陈敬中. 1996. 准晶结构及对称新理论. 武汉:华中理工大学出版社

陈敬中. 1988. CP 准晶体结构模型及其 Hausdorff 维数. 地质科技情报,1:22

陈敬中. 2010. 现代晶体化学. 北京:科学出版社

陈敬中,陈瀛,龙光芝等. 2010. 现代晶体化学. 北京:科学出版社

陈敬中,杜伯仁,苑金承. 1989. CP 准晶体结构模型的 Hausdorff 维数计算. 地球科学,14:253～258

陈敬中,刘剑洪. 2006. 纳米材料科学导论. 北京:高等教育出版社

陈敬中,刘剑洪,孙学良等. 2010. 纳米材料科学导论(第二版). 北京:高等教育出版社

陈敬中,路湘豫,潘兆橹. 1990. Al-Cu-Li 生成的大块准晶结构模型. 地球科学,15:629～634

陈敬中,路湘豫,潘兆橹. 1993. 大块准晶的共轭结构模型. 地球科学,增刊:91～96

陈敬中,潘兆橹. 1988. 正多面体的结晶学分类及等大正二十面体共角顶连接的准晶结构模型. 地球科学,6:569～579

陈敬中,潘兆橹. 1993. 正多面体的结晶学分类. 地球科学,增刊:70～74

陈敬中,潘兆橹. 1993. 正二十面体与正十二面体共轭生成的准晶结构模型. 地球科学,增刊:82～90

陈敬中,万安娃,路湘豫. 1991. 准晶结构几何理论初探. 地球科学,2:173～180

陈敬中,万安娃,路湘豫等. 1993. 准晶结构的几何特征. 地球科学,增刊:47～55

陈敬中,万安娃,路湘豫等. 1993. 准晶结构研究的进展. 地球科学,增刊:42～46

陈敬中,万安娃,路湘豫等. 1993. 准晶体结构的分数维特征. 地球科学,增刊:63～69.

陈敬中,万安娃,路湘豫等. 1993. 正多面体的分数维堆垛及其准晶意义. 地球科学,增刊:75～81

陈敬中,张汉凯. 1998. 硅酸盐矿物中准周期非周期结构初步研究. 武汉:中国地质大学出版社

陈瀛,宫斯宁,何光辉等. 2010. 银纳米颗粒结晶形态形成机理研究. 人工晶体学报,6:1401-1405

陈瀛,宫斯宁,龙光芝等. 2011. 纳米微粒多重分数维准晶结构模型:一种新型的金属纳米材料. 地球科学,3:572-580

陈瀛,宫斯宁,孙学良等. 2011. 一维纳米银柱、银棒及银线的生长机理研究. 人工晶体学报,4:903～910

崔云昊. 1989. 晶体对称理论三百年. 大自然探索,4:92～97

董闯. 1998. 准晶材料. 北京:国防工业出版社

范天佑. 1999. 准晶数学弹性理论及其应用. 北京:北京理工大学出版社

方奇,于文涛. 2002. 晶体学原理. 北京:国防工业出版社

郭可信. 1989. 五次对称性 Ti-Ni 准晶相的发现与研究. 物理,6:344～346

郭可信. 1991. 8 次、12 次对称及有关准晶的发现. 物理,1:11～14

郝柏林. 1986. 分形和分维. 科学杂志,1:9～17

何伦雄,张译,吴玉琨等. 1988. $Ae_{65}Cu_{20}Co_{15}$ 中稳定的十次准晶. 电子显微学报,第五次全国电子显微学会议论文摘要集

胡承正,丁棣华,杨文革. 1993. 五次八次十次十二次对称准晶的弹性性质. 武汉大学学报(自然科学版),3: 21～28

胡承正,杨文革,王仁卉等. 1997. 准晶的对称性和物理性质. 物理学进展,17:345～376

黄立基. 1991. 多标度分形理论及进展. 物理学进展,3:269～330

刘官厅,郭瑞平,范天佑. 2003. 位移函数及十二次对称2维准晶平面弹性问题的简化. 内蒙古师范大学学报 自然科学,32:109～113

刘祥文,陈敬中,赵文霞等. 1993. 5次对称准晶电子显微分析和X射线分析. 地球科学,增刊:97～104

刘有廷,傅秀军. 1999. 准晶体. 上海:科技教育出版社

龙光芝,陈瀛,陈敬中. 2005. 准晶体中十二方晶系点群的对称性与矩阵表示. 华中师范大学学报,3:320～324

龙光芝,陈瀛,陈敬中. 2006. 晶体学与准晶体学点群的母子群关系. 物理学报,6:2838～2845

龙光芝,陈瀛,陈敬中. 2006. 准晶体中八方晶系点群的对称性与矩阵表示. 大学物理,3:17～20

龙光芝,高彦芳,陈瀛等. 2006. 准晶体中十方晶系点群的对称性与矩阵表示. 华中师范大学学报,3: 347～351.

龙光芝,尚飞,陈瀛等. 2005. 五方准晶系的对称性与矩阵表示. 地球科学(29):40～45

陆洪文,费奔. 2004. 二维准格点阵的算术结构. 同济大学学报,32:1100～1102

陆洪文,费奔. 2004. 二维准晶准周期结构的算术理论. 自然科学进展,14:1322～1324

马中骐. 2001. 物理学中的群论. 北京:科学出版社

潘兆橹. 1993. 结晶学及矿物学(上册),第三版. 北京:地质出版社

潘兆橹,彭志忠. 1957. 结晶学教程. 北京:地质出版社,

彭志忠. 1985. 准晶体的构筑原理及微粒分数维结构模型. 地质科学,4:159～174

彭志忠. 1986. 含五次对称的准晶体的点群与单形. 地球科学,5:499～504

彭志忠. 1986. 准晶格的推导和准晶体分数维结构模型. 地质科学,1:134～137

彭志忠. 1986. 准晶体分数维结构的发现及自然观方面的意义. 地质科学,4:323～329

秦善. 2004. 晶体学基础. 北京:北京大学出版社

施倪承. 1991. 准晶体的晶胞构成及晶格的推导. 中国科学B,11:1216～1223

施倪承,廖立兵. 1988. 含八次及十二次对称轴的准晶体的点群与单形. 地质学报,3:222～228

王宁,陈焕,郭可信等. 1987. 具有8次旋转对称性的2维准晶体. 电子显微学报,3:27～31

王仁卉,郭可信. 1990. 晶体学中的对称群. 北京:科学出版社,84～87,389～391

王仁卉,胡承正,桂嘉年. 2004. 准晶物理学. 北京:科学出版社

徐婉棠,喀兴林. 1999. 群论及其在固体物理中的应用. 北京:高等教育出版社

赵文霞,陈敬中,万安娃. 1993. 准晶体的对称型(点群)和单形. 地球科学,增刊:25～41

竹内伸. 1992. 準結晶. (日)东京:产业图书株式会社

Aslanov L A. 1991. A crystal-chemical model of atomic interactions. 5. Quasicrystal structures. Acra Cryst. A,47:63～70.

Baake M,Ben-Abraham S I,Klitzing R,et al. 1994. Classification of local configurations in quasicrystals. Acta. Cryst. A, 50:553～566

Bancel P A,Heiney P A,Stephens,et al. 1985. Structure of rapidly quenched Al-Mn. Phys. Rev. Lett. ,54: 2422～2425

Bandyopadhyay P P,Kern P,Siegmann S. 2004. Corrosion behavior of vacuum plasma sprayed Ti-Zr-Ni quasicrystal coatings. J. Mater. Sci. , 39:6101~6104

Belyaev O A. 2000. Hyperphasons and the effect of incommensurate modulation on elastic properties of quasicrystals. Crystallogr. Rep. , 45:187~194.

Belyaev O A,Koptsik V A. 2000. Hydrodynamics of layered and cubic quasicrystals,Crystallogr. Rep. , 45: 182~186

Bendersky L. 1985. Quasicrystal with one-dimensional translational symmetry and a tenfold rotation axis. Phys. Rev. Lett. ,55:1461~1453

Bendersky L. 1987. Structural relationship between crystalline and quasicrystalline phases in Al-Mn system. Mater. Sci. ,Forum(22~24):151~153

Bendersky L,Schaefer R J, Biancaniello F S, et al. 1985. Icosahedral Al-Mn and related structures: resemblances in structure. Set. Metall. , 19:909~914

Bogdanowicz W. 2002. Two-subgrain single quasicrystals Al-Cu-Co alloy growth and characterization. J. Cryst. Growth,240:255~266

Bokhonov B,Korchagin M. 2004. Application of mechanical alloying and self-propagating synthesis for preparation of stable decagonal quasicrystals. J. Alloys Compd. , 368:152~156

Cao W,Ye H Q,Kuo K H. 1988. A new octagonal quasicrystal and related crystalline phases in rapidly solidified Mn,Si. Phys. Status Solidi. ,147:511~519

Cao W, Ye H Q, Kuo K H. 1988. New octagonal quasicrystal and related crystalline phases in rapidly solidified Mn_4Si. Phys. Stat. Sol(a). ,107:511~519.

Chang H J,Fleury E,Song G S,et al. 2004. Microstructure modification and quasicrystalline phase formation in Al-Mn-Si-Be cast alloys. Mater. Sci. Eng. A, 375-377:992~997

Chattopadhyay K,Lele S,Prasad R,et al. 1985. On the variety of electron diffraction patterns from quasicrystals. Set. Metall. , 19:1331~1336

Chen H,Li D X,Kuo K H. 1988. New type of two-Dimensional quasicrystal with twelvefold rotational symmetry. Phys. Rev. Lett. ,60:1645~1648

Chen J Z,Lu X Y,Pan Z L, et al. 1992. An initial research on the geometric theory of quasicrystal structure. Journal of China University of Geosciences, 1:22~29

Chen Ying,Peng Jue,Chen Jingzhong,et al. 2005. Stereographic projections of symmetry elements and single forms on quasicrystals. Journal of China University of Geosciences. 16(1):16~23

Cheng Y F,Gjonnes J. 1994. Strip-projection approach to a new model of the AlMnSi icosahedral quasicrystal. Acta. Cryst. A,50:455~461

Conrad M,Krumeich F,Reich C,et al. Hexagonal approximants of a dodecagonal tantalum telluride-the crystal structure of $Ta_{21}Te_{13}$. Mater. Sci. Eng. A, 2000(294~296):37~40

Davis J P,Majzoub E H,Simmons J M,et al. 2000. Ternary phase diagram studies in Ti-Zr-Ni alloys. Mater Sci. Eng. A,294-296:104~107

David R N. 1986. Quasicrystal. Sci. Amer. ,12:10~19

Deng B B,Kuo K H. 2004. The 2/1 cubic approximant of the $Ag_{42}In_{42}Ca_{16}$ icosahedral quasicrystal. J. Alloys Compd. , 366:L1-L5

Destainville N,Widom M,Mosseri R,et al. 2005. Random tilings of high symmetry: I. Mean-field theory. J. Statistical Phys. , 120(5/6): 799~835

Donnadieu P,Denoyer F,Lauriat J P,et al. 2000. Modulated states in Mg-Al alloys and classical Frank-Kasper phases: a high resolution X-ray diffraction study. Mater. Sci. Eng. A, 294-296:120~123

Elcoro L, Perez-Mato J M, Madariaga G. 1994. Determination of quasicrystalline structures: a refinement program using symmetry-adapted parameters. Acta. Cryst. A, 50:182~193

Elser V. Indexing problems in quasicrystal diffraction. 1985. Phys. Rev B. , 32:4892

Elswijk H B, de Hosson J T M, van Smaalen S, et al. 1988. Determination of the crystal structure of icosahedral Al-Cu-Li. Phys. Rev. B, 38:1681~1685

Enrique Maciá. 2000. Thermal conductivity and critical modes in one -dimensional fibonacci quasicrystals. Mater. Sci. Eng. , 294-296:719~722

Fehrenbacher L, Zabinski J S, Phillips B S, et al. 2004. Microstructure development and tribological behavior in AlCuFe quasicrystalline thin films. Tribol. Lett. , 17(3):435~443

Fung K K, Yang C Y, Zhou Y Q, et al. 1986. Icosahedrally related decagonal quasicrystal in rapidly cooled Al-14-at. %-Fe alloy. Phys. Rev. Lett. , 56:2060~2063

Gorkhali S P, Qi J, Crawford G P. 2005. Electrically switchable mesoscale Penrose quasicrystal structure. Appl. Phys. Lett. 86:011110

Gorokhovskiĭ A A. 2000. Search for possible structures of cubic approximants of icosahedral quasicrystals. Crystallogr. Rep. , 45:172~181

Grushko B, Velikanova T Y. 2004. Formation of quasicrystals and related structures in systems of aluminum with transition metals. II. Binary systems formed by aluminum with 4d and 5d metals. Powder Metall. Met. Ceram. , 43(5-6): 311~322

Grushko B, Velikanova T Y. 2004. Stable and metastable quasicrystals in Al-based alloy systems with transition metals. J. Alloys Compd. , 367:58~63

Grushko B, Velikanova T Y. 2004. Structural studies of materials formation of quasicrystals and related structures in systems of aluminum with transition metals. I. Binary systems formed by aluminum with 3d metals. Powder Metall. Met. Ceram. , 43:72~86

Guo J Q, Tsai A P. 2002. Stable icosahedral quasicrystals in the Ag-In-Ca, Ag-In-Yb, Ag-In-Ca-Mg and Ag-In-Yb-Mg systems. Phil. Mag. Lett. , 82:349~352

Hahn T. 1987. International Tables for Crystallography: Vol. A, Space-Group Symmetry. 2nd revised ed. Dordrecht: Kluwer, 752~788

Hahn T. 2002. International Tables for Crystallography: Vol. A, Space-Group Symmetry. Fifth Edition. Oxford: Alden Press, 761~820

He L X, Li X Z, Zhang Z, et al. 1988. One-dimensional quasicrystal in rapidly solidified alloys. Phys. Rev. Lett. , 61:1116~1118

Hiraga K. 1987. Structure of quasicrystals studied by high resolu-tion electron microscopy. Jeol News, (E25): 8~12

Hyers R W, Bradshaw R C, Rogers J R, et al. 2004. Surface tension and viscosity of quasicrystal-forming Ti-Zr-Ni Alloys. Int. J. Thermophys. , 25(4):1155~1162

Ishihara K N, Yamamoto A. 1988. Penrose patterns and related structures. I. Superstructure and generalized Penrose patterns. Acta. Cryst. A, 44:508~516

Ishii Y. 2000. Anisotropic phasonic diffuse scattering from decagonal quasicrystals. Mater. Sci. Eng. , 294-296:377~380

Ishimasa T, Nissen H U, Fukano Y. 1985. New ordered state between crystalline and amorphous in Ni-Cr particles. Phys. Rev. Lett. ,55:511~513

Janot C, Loreto L,Farinato R. 2000. Clusters in quasicrystals: tiling versus covering and porosity. 2000. Mater. Sci. Eng. A,294-296:405~408

Janot C,Loreto L,Farinato R,et al. 2000. Bloch oscillations in quasicrystals? Phys. Letters A, 276:291~295

Janssen T. 1992. The symmetry operations for n-dimensional periodic and quasi- periodic structures. Zeitschrift fur Kristallographie,198 (1-2):17~32

Janssen T, Janner A. 1987. Incommensurability in crystals. Adv. Phys. ,36:519~624

Jiang J C,Fung K K,Kuo K H. 1992. Discommensurate microstructures in phason-strained octagonal quasicrystal phases of Mo-Cr-Ni. Phys. Rev. Lett. ,68:616~619

Jiang Y J,Liao L J,Chen G. 1995. The Method of tensor invariants and its application to the hall effect in quasicrystals. Acta Cryst. A,51:159~163

Jono M,Matsuo Y,Ishii Y. 2000. A phases strain in an Al-Cu-Fe icosahedral quasicrystal,Mater. Sci. Eng. , 294-296:680~684.

Kim S H,Song G S,Leury E F,et al. 2002. Icosahedral quasicrystalline and hexagonal approximant phases in the Al-Mn-Be alloy system. Philos. Mag. A, 82:1495~1508

Kim S K,Lee J H,Kim S H,et al. 2005. Photonic quasicrystal single-cell cavity mode. Appl. Phys. Lett. ,86: 031101

Kuo K H. 1987. Some new icosahedral and decagonal quasicrystals. Mater. Sci. ,Forum(22-24):131~140

Kuo K H,Dong C,Zhou D S,et al. 1986. A Friauf-Laves (Frank-Kasper) phase related quasicrystal in a rapidly solidified Mn_3Ni_2Si alloy. Scripta Met. ,20:1695~1698

Kuo K H,Feng Y C,Chen H. 1988. Growth model of dodecagonal quasicrystal based on correlated tiling of squares and equi-lateral triangles. Phys. Rev. Lett. ,61:1740~1743

Kuo K H, Zhou D S, Li D X. 1987. Quasicrystalline and Frank-Kasper phases in a rapidly solidified $V_{41}Ni_{36}Si_{23}$ alloy. Phil Mag. Lett. ,55:33~39

Lee C,White D,Suits B H,et al. 1988. NMR study of Li in Al-Li-Cu icosahedral alloys. Phys. Rev. B,37: 9053~9056

Leonard M S. 1987. Fractal growth. Sci. Amer. ,5:51~58

Levine D,Steinhardt P J. 1984. Quasicrystals:A new class of ordered structures. Phys. Rev. Lett. , 53:2477~ 2480

Levine D,Steinhardt P J. 1986. Quasicrystals. I. Definition and structure. Phys. Rev. B,34:596~616

Li X Z,Yu R C,Kuo K H,et al. 1996. Two-dimensional quasicrystal with fivefold rotational symmetry and superlattice. Phil. Mag. Lett. ,73:255~261

Liu G T,Fan T Y,Guo R P. 2003. Displacement function and simplifying of planeelasticity problems of two-dimensional quasicrystalswith noncrystal rotational symmetry. Mech. Res. Commun. , 30:335~344

Liu L,Chan K C. 2004. Amorphous-to-quasicrystalline transformation in $Zr_{65}Ni_{10}Cu_{7.5}Al_{7.5}Ag_{10}$ bulk metallic glass. J. Alloys Compd. , 364:146~155.

Liu X B,Yang G C,Fan J F,et al. 2003. Decagonal quasicrystal formed directly from the rapidly solidified $Al_{66}Cu_{17}Co_{17}$ alloy. J. Mater. Sci. lett. , 22:103~105

Liu X B, Yang G C, Fan P. 2003. Solidification behavior of decagonal quasicrystal in the undercooled $Al_{72}Ni_{12}Co_{16}$ alloy melt. J. Mater. Sci. , 38:885~889

Loreto L,Janot C,Farinato R, et al. 2003. Polyhedral and chemical orders in icosahedral Al-Pd-Mn quasicrystals. Phys. B, 328:193～203

Mackay A L. 1982. Crystallography and the Penrose pattern. Physica,(AI14):609～613

Mandelbrot B B. 1977. Fractals:Form, Chance and Dimension. W. H. Freeman & Company:1～50

Ma P H,Liu Y Y. 1989. Inflation rules, band structure, and localization of electronic states in a two-dimensional Penrose lattice. Phys. Rev. B,39:9904

Ma X L,Kuo K H. 1994. Crystallographic characteristics of the Al-Co decagonal quasicrystal and its monoclinic approximant τ^2-Al$_{13}$Co$_4$. Metall. Mater. Trans. A, 25:47～56

Ma Y,Stern E A. 1987. Fe and Mn sites in noncrystallographic alloy phases of Al-Mn-Fe and Al-Mn-Fe-Si. Phys. Rev. B,35:2678～2681

Ma Y,Stern E A,Gayle F W. 1987. Structure of icosahedral Al-Cu-Li. Phys. Rev. Lett. ,58:1956～1959

Merlin R, Bajema K, Clarke R, et al. 1985. Quasiperiodic GaAs-AlAs heterostructures. Phys. Rev. Lett. , 55:1768

Mnëv N E. 2004. Topology of cycles in pseudolinear programs. J. Mater. Sci. ,119-2:260～267

Naumovic D. 2004. Structure and electronic structure of quasicrystal and approximant surfaces: a photoemission study. Prog. Surf. Sci. , 75:205～225

Pavlovitch A,Kleman M. 1987. Generalised 2D Penrose tilings: Structural properties. J. Phys. A: Math. Gen. ,20:687～702

Penrose R. 1979. Pentaplexity:A class of non-periodic tilings of the plane. Math. Intelligencer,(2):32～37

Phillips B S, Zabinski J S. 2003. Frictional characteristics of quasicrystals at high temperatures. Tribology Lett. , 15(1):57～64

Quiquandon M,Quivy A,Devaud J,et al. 1996. Quasicrystal and approximant structures in the Al-Cu-Fe system. J. Phys:Condens. Matter, 8:2487～2512

Ritsch S,Beeli C,Lueck R,et al. 1999. Pentagonal Al-Co-Ni quasicrystal with a superstructure. Philos. Mag. Lett. ,79:225～232

Saintfort P,Dubost B. 1986. The T$_2$ compound:astable quasicrystal in the system Al-Li-Cu-(Mg). J. Phys. (Paris),47:C3-321～330

Samoilovich M I,Talis A L,Mironov M I. 2002. Infinite point group quasicrystals: Symmetry basis for noncrystalline diamond-like materials. Inorg. Mater. ,38(4):357～362

Scudino S,Kühn U,Schultz L. 2004. Formation of quasicrystals in ball-milled amorphous Zr-Ti-Nb-Cu-Ni-Al alloys with different Nb content. J. Mater. Sci. , 39:5483～5486

Shechtman D,Blech I,Gratias D,et al. 1984. Metallic phase with long-range orientational order and no translational symmetry. Phys. Rev. Lett. , 53:1951～1953

Socolar J E S,Steinhardt P J. 1986. Quasicrystals Ⅱ. Unit-cell configurations. Phys. Rev. B,34:617

Stephens P W,Alan I G. 1991. Quasicrystal structure. Science(s):7～15

Stephens P W,Goldman A I. 1991. The structure of quasicrystals. Sci. Amer. ,264:44～48

Sun W,Hiraga K. 2002. Long-range tiling structures in a highly ordered Al-Ni-Ru decagonal quasicrystal with 1. 6 nm periodicity and its closely related approximant. Physica B: Condensed Matter, 324:352～359

Tanaka M. 1994. Convergent-beam electron diffraction. Acta. Cryst. A,50:261～286

Tang Y,Guan S K,Zhao D S,et al. 1993. Effect of thermal history on i-phase formation in rapidly quenched Al-Fe alloy. J Mater. Sci. Lett. ,12:1749～1751

Tao Xu,Jingzhong Chen,Wei Han,et al. 2010. Geopolymerorganic polymer composite synthesized by the interactions of H_3PO_4 with metakaolinite powders and polyvinyl alcohol. Parti. Sci. Technol. , 539～546.

Todd J,Merlen R,Clarke R,Mohanty. K M,Axe J D. 1986. Synchotron X-ray study of a Fibonacci superlattice. Phys. Rev. Lett. ,57:1157～1160

Uchida M, Horiuchi S. 1998. Modulated-crystal model for the twelvefold quasicrystal $Ta_{62}Te_{38}$. J. Appl. Cryst. ,31:634～637

Wang N,Chen H,Kuo K H. 1987. Two-dimensional quasicrystal with eightfold rotational symmetry. Phys. Rev. Lett. ,59:1010～1013

Wang N,Fung K K,Kuo K H. 1988. Symmetry study of the Mn-Si-Al octagonal quasicrystal by convergent beam electron diffraction. Appl. Phys. Lett. ,52:2120～2121

Wang N,Kuo K H. 1989. 45° twins with apparent eightfold symmetry in $Cr_5Ni_3Si_2$ alloy. Phil. Mag. B,60: 347～363

Wang R H,Qin C,Lu G,et al. 1994. Projection description of cubic quasiperiodic crystals with phason strains. Acta. Cryst. A,50:366～375

Wang Z M,Kuo K H. 1988. The octagonal quasilattice and elec-tron diffraction patterns of the octagonal phase. Acta Crystallogr. A,44:857～863

Watanabe Y,Soma T,Ito M. 1995. A new Quasiperiodic Tiling with dodecagonal symmetry. Acta. Cryst. A, 51:936～942

Whittaker E J W,Whittaker R M. 1988. Some generalized Penrose patterns from projections of n-dimensional lattices. Acta. Cryst. A,44:105～112

Widom M,Destainville N,Mosseri R,et al. 2005. Random tilings of high symmetry: II. Boundary conditions and numerical studies. J. Statistical Phys. , 120(5/6):837～873

Yamamoto A. 1996. Crystallography of quasiperiodic crystals. Acta Cryst. A,52:509～560

Yamamoto A,Ishihara K N. 1988. Penrose patterns and related structures II. Decagonal quasicrystals. Acta Crystallogr. A,44:707～714

Yang Q B. 1988. A model of the AlMnSi quasicrystal derived from the α-AlMnSi crystal structure. Philos. Mag. B,58:47～57

Ying Chen,Yong Zhang,Dognsheng Geng,et al. 2011. One-pot synthesis of MnO_2/graphene/carbon nanotube hybrid by chemical method. Carbon, 49:4434～4442

Ying Chen,Yong Zhang,Jingzhong Chen,et al. 2011. Understanding the influence of crystallographic structure on controlling the shape of Noble metal nanostructures. Cryst. Growth Des. , 12:5457～5460

You J Q, Hu T B. 1988. Quasiperiodic patterns with eight-, ten- and twelve-fold symmetries. Phil. Mag. Lett. ,57:195～199

Zhang Z,Ye H Q,Kuo K H. 1985. A new icosahedral phase with $m35$ symmetry. Philos. Mag. , 52:49～52

Zobetz E,Preisinger A. 1990. Vertex frequencies in generalized Penrose patterns. Acta Cryst. A,46:962～969